计算机控制技术及工程应用研究

高敬格　张书强　著

吉林大学出版社

·长春·

图书在版编目(CIP)数据

计算机控制技术及工程应用研究 / 高敬格，张书强著. --长春 ：吉林大学出版社，2023.5

ISBN 978-7-5768-1688-4

Ⅰ.①计… Ⅱ.①高… ②张… Ⅲ.①计算机控制－研究 Ⅳ.①TP273

中国国家版本馆 CIP 数据核字(2023)第 089318 号

书　　名　计算机控制技术及工程应用研究
　　　　　JISUANJI KONGZHI JISHU JI GONGCHENG YINGYONG YANJIU

作　　者　高敬格　张书强
策划编辑　张维波
责任编辑　郭湘怡
责任校对　冀　洋
装帧设计　繁华教育
出版发行　吉林大学出版社
社　　址　长春市人民大街 4059 号
邮政编码　130021
发行电话　0431-89580028/29/21
网　　址　http://www.jlup.com.cn
电子邮箱　jldxcbs@sina.com
印　　刷　三河市腾飞印务有限公司
开　　本　787×1092　1/16
印　　张　12
字　　数　210 千字
版　　次　2023 年 5 月　第 1 版
印　　次　2023 年 5 月　第 1 次
书　　号　ISBN 978-7-5768-1688-4
定　　价　78.00 元

前言

当今，在国民经济及国防的各个领域，采用计算机控制是现代化的重要标志，大到异常庞大复杂的控制系统，小至各种微型的控制设备，计算机控制技术均起着越来越重要的作用。

计算机控制技术是一种综合运用控制理论、仪器仪表、计算机和其他信息技术，对工业生产过程实现检测、控制、优化、调度、管理和决策，以达到增加产量、提高质量、降低消耗、确保安全等目的的高新技术。工业控制是计算机的一个重要应用领域，计算机控制主要研究如何将计算机技术和自动控制理论应用于工业生产过程，设计出满足需求的计算机控制系统，这就要求自动控制领域的工程技术和研发人员既要掌握自动控制基础理论，还要掌握与计算机控制系统相关的硬件、软件、控制规律和现场总线网络技术等方面的专业知识和技术，从而达到设计和实现计算机控制系统的目的。计算机控制技术已成为我国高等学校自动化专业、电子信息专业、机械电子专业等主干课程之一。

《计算机控制技术及工程应用研究》一书从计算机的控制系统概述入手进行阐述，全书共七章，涵盖计算机控制系统概述、计算机控制系统设计与工程实现、数字控制器的设计、计算机与系统抗干扰技术、计算机与人工智能、数据库与人工智能技术应用和人工智能在计算机教学中的运用。本书的编写体系新颖，兼顾理论基础与实际应用，突出了系统性和实践性，并充实了计算机控制领域最新的技术理论和方法。内容框架完善，每一个章节都做了详细的阐述与分析，为计算机控制技术及工程应用建构了可资借鉴的理论框架。

本书结合多年的教学与科研工作经验，从计算机控制技术的发展和课程教学内容的改革要求考虑，立足于系统性、实用性、先进性和工程性，并以工程技术应用能力培养为目的组织编写内容，叙述简单明了，层次分明，通俗易懂。从基本概念出发，既突出实用性又不失理论性和先进性，力求做到理论分析计算与技术应用并重，书中有大量控制实例供参考，方便学生理解、消化书中的基本知识和基本概念，可作为高校教学用书或参考书。

2022 年 11 月 18 日

编　者

目录

第一章

计算机控制系统概述

第一节　计算机控制系统特征
第二节　计算机控制系统的分类
第三节　计算机控制系统的数学模型
第四节　计算机控制的发展

计算机控制是自动控制发展中的高级阶段，是自动控制的重要分支，广泛应用于工业、国防和民用等各个领域。随着计算机技术、高级控制策略、检测与传感技术、现场总线、通信与网络技术的高速发展，计算机控制系统已从简单的单机控制系统发展到了集散控制系统、综合自动化系统等。本章主要介绍了计算机控制系统的基本特征、组成、分类和发展趋势。

第一节　计算机控制系统特征

从模拟控制系统发展到计算机控制系统，控制器的结构、控制器中的信号形式、系统的过程通道内容、控制量的产生方法、控制系统的组成均发生了重大变化。计算机控制系统在系统结构方面有自己独特的内容，在功能配置方面呈现出模拟控制系统无可比拟的优势，在工作过程与方式等方面均存在其必须遵循的规则。

一、计算机控制系统的特征

将模拟自动控制系统中控制器的功能用计算机来实现，就组成了一个典型的计算机控制系统，如图 1-1 所示。

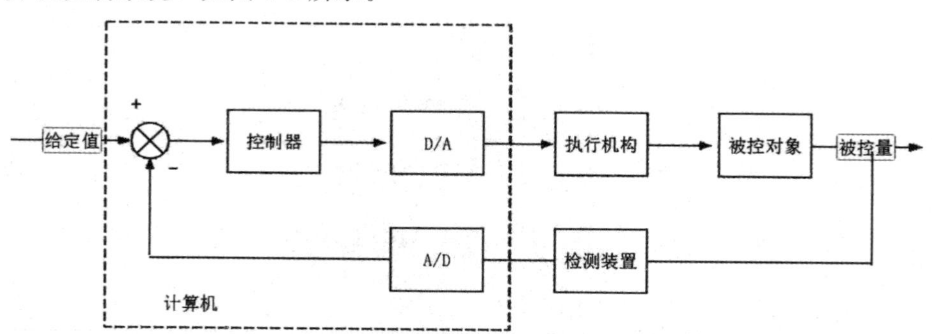

图 1-1　计算机控制系统

计算机控制系统由硬件和软件两个基本部分组成。硬件指计算机本身及其外部设备；软件指管理计算机的程序及生产过程应用程序。只有软件和硬件有机地结合，计算机控制系统才能正常地运行。

（一）结构特征

在模拟控制系统中均采用模拟器件，而在计算机控制系统中除测量装置、执行机构等常用的模拟部件外，其执行控制功能的核心部件是计算机，所以计算机控制系统是模拟和数字部件的混合系统。

模拟控制系统的控制器由运算放大器等模拟器件构成，控制规律越复杂，所需要的硬件也往往越多、越复杂，其硬件成本几乎和控制规律的复杂程度成正比，并且，若要修改控制规律，必须改变硬件结构，而在计算机控制系统中，控制规律是用软件实现的，修改一个控制规律时，无论是复杂的还是简单的，只需修改软件，一般不需要改变硬件结构，因此便于实现复杂的控制规律和对控制方案进行在线修改，系统具有很大的灵活性和适应性。

在模拟控制系统中，一般是一个控制器控制一个回路，而在计算机控制系统中，由于计算机具有高速的运算处理能力，所以可以采用分时控制的方式，一个控制器同时控制多个回路。计算机控制系统的抽象结构和作用在本质上与其他控制系统没有什么区别，因此，同样存在计算机开环控制系统、计算机闭环控制系统等不同类型的控制系统。

（二）信号特征

在模拟控制系统中，各处的信号均为连续模拟信号，而在计算机控制系统中除了有模拟信号外，还有离散模拟、离散数字等多种信号形式，计算机控制系统的信号流程如图 1-2 所示。

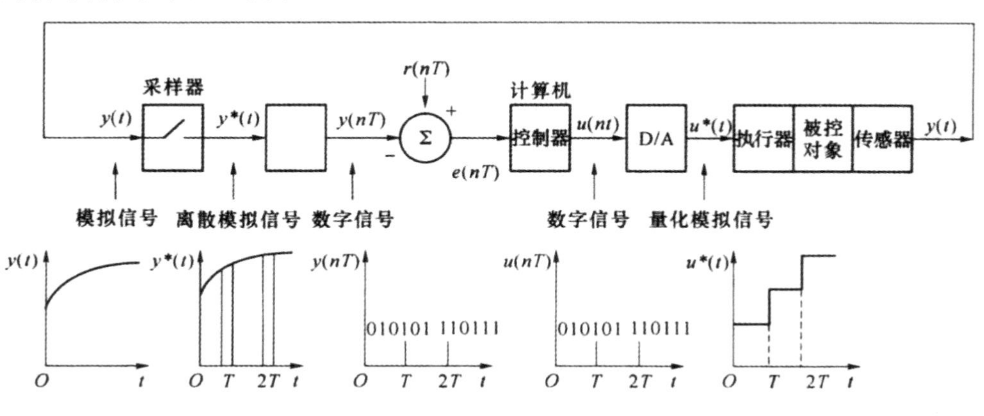

图 1-2　计算机控制系统的信号流程

在控制系统中引入计算机，利用计算机的运算、逻辑判断和记忆等功能完成多种控制任务。由于计算机只能处理数字信号，为了信号的匹配，计算机的输入和输出必须配置 A/D(模/数)转换器和 D/A(数/模)转换器，反馈量经 A/D 转换器转换为数字量以后，才能输入计算机，然后计算机根据偏差，按某种控制规律(如 PID 控制)进行运算，最后计算结果(数字信号)经过 D/A 转换器处理后(由数字信号转换为模拟信号)输出到执行机构，完成对被控对象的控制。

按照计算机控制系统中信号的传输方向，系统的信息通道由以下 3 部分组成。

(1)过程输出通道：包含由 D/A 转换器组成的模拟量输出通道和开关量输出通道。

(2)过程输入通道：包含由 A/D 转换器组成的模拟量输入通道和开关量输入通道。

(3)人-机交互通道：系统操作者通过人-机交互通道向计算机控制系统发布相关命令、提供操作参数、修改设置内容等，计算机则可通过人-机交互通道向系统操作者显示相关参数、系统工作状态、控制效果等。

计算机通过输出过程通道向被控对象或工业现场提供控制量；通过输入过程通道获取被控对象或工业现场信息。当计算机控制系统没有输入过程通道时，称之为计算机开环控制系统，在计算机开环控制系统中，计算机的输出只随给定值变化，不受被控参数影响，可通过调整给定值达到调整被控参数的目的，但当被控对象出现扰动时，计算机无法自动获得扰动信息，因此无法消除扰动，导致控制性能较差。当计算机控制系统仅有输入过程通道时，称之为计算机数据采集系统。在计算机数据采集系统中，计算机的作用是对采集来的数据进行处理、归类、分析、储存、显示与打印等，而计算机的输出与系统输入通道、参数输出有关，但它不影响或改变生产过程的参数，所以这样的系统可认为是开环系统，但不是开环控制系统。

(三)控制方法特征

由于计算机控制系统除了包含连续信号外，还包含有数字信号，从而使计算机控制系统与连续控制系统在本质上有许多不同，所以需采用专门的理论来分析和设计计算机控制系统。常用的设计方法有两种，即模拟化设计法和离散化直接设计法。

（四）功能特征

与模拟控制系统比较，计算机控制系统的重要功能特征表现在以下几个方面。

1. 以软件代替硬件

以软件代替硬件的功能主要体现在两个方面：一方面是当被控对象改变时，计算机及其相应的过程通道硬件只需进行少量的变化，甚至不需要进行任何变化，面向新对象时重新设计一套新控制软件便可；另一方面是可以用软件来替代逻辑部件的功能实现，从而降低系统成本，减小设备体积。

2. 数据存储

计算机具备多种数据保持方式，例如，脱机保持方式有U盘、移动硬盘、光盘、纸质打印、纸制绘图等；联机保持方式有固定硬盘、EEPROM等。正是由于有了这些数据保护措施，使得人们在研究计算机控制系统时，可以从容应对突发问题；在分析解决问题时可以大量减少盲目性，从而提高了系统的研发效率，缩短研发周期。

3. 状态、数据显示

计算机具有强大的显示功能。显示设备类型有CRT显示器、LED数码管、LED矩阵块、LCD显示器、LCD模块、各种类型打印机、各种类型绘图仪等；显示模式包括数字、字母、符号、图形、图像、虚拟设备面板等；显示方式有静态、动态、二维、三维等；显示内容涵盖给定值、当前值、历史值、修改值、系统工作波形、系统工作轨迹仿真图等。人们通过显示内容可以及时了解系统的工作状态、被控对象的变化情况、控制算法的控制效果等。

4. 管理功能

计算机都具有串行通信或联网功能，利用这些功能可实现多个计算机控制系统的联网管理，资源共享，优势互补；可构成分级分布集散控制系统，以满足生产规模不断扩大、生产工艺日趋复杂、可靠性需求更高、灵活性需求更好、操作需求更简易的大系统综合控制的要求；可实现生产过程（状态）的最优化和生产规划、组织、决策、管理（静态）的最优化的有机结合。

二、计算机控制系统的工作原理和工作方式

(一)计算机控制系统的工作原理

根据图1-1所示的计算机控制系统基本框图，计算机控制过程可归结为如下4个步骤。

(1)实时数据采集：对来自测量变送装置的被控量的瞬时值进行检测并输入。

(2)实时控制决策：对采集到的被控量进行分析和处理，并按已定的控制规律，决定将要采取的控制行为。

(3)实时控制输出：根据控制决策、适时地对执行机构发出控制信号，完成控制任务。

(4)信息管理：随着网络技术和控制策略的发展，信息共享和管理是计算机控制系统必须完成的功能。

上述过程的不断重复使整个系统按照一定的品质指标进行工作，并对控制量和设备本身的异常现象及时做出处理。

(二)计算机控制系统的工作方式

1. 在线方式和离线方式

在计算机控制系统中，生产过程和计算机直接连接，并受计算机控制的方式称为在线方式或联机方式；生产过程不和计算机相连，且不受计算机控制，而是靠人进行联系并做相应操作的方式称为离线方式或脱机方式。

2. 实时的含义

所谓实时，是指信号的输入、计算和输出都要在一定的时间范围内完成，即计算机对输入信息要以足够快的速度进行控制，超出了这个时间，就失去了控制的时机，控制也就失去了意义，实时的概念不能脱离具体过程，一个在线的系统不一定是一个实时系统，但一个实时控制系统必定是在线系统。

三、计算机控制系统的硬件结构

计算机控制系统的硬件组成如图1-3所示，它由计算机(工控机)和生产过程两大部分组成。

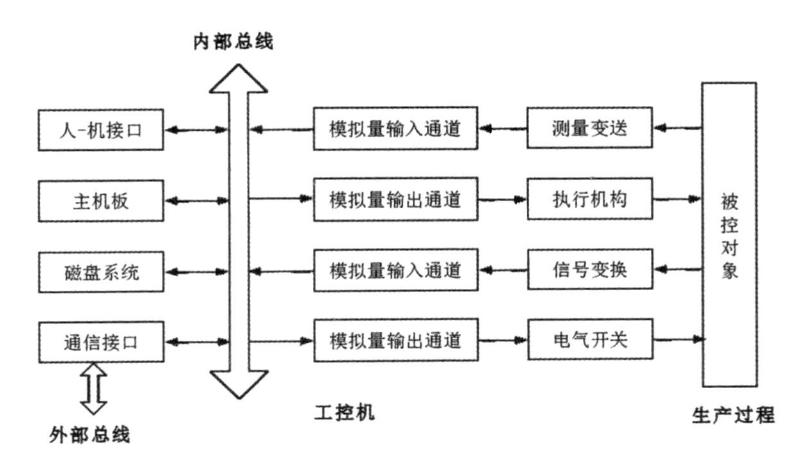

图 1-3　计算机控制系统硬件组成

(一)工控机

1. 主机板

主机板是工业控制机的核心，由中央处理器(CPU)、存储器(RAM、ROM)、监控定时器、电源掉电监测、保存重要数据的后备存储器、实时日历时钟等部件组成。主机板的作用是将采集到的实时信息按照预定程序进行必要的数值计算、逻辑判断、数据处理，及时选择控制策略并将结果输出到工业过程。

2. 系统总线

系统总线可分为内部总线和外部总线。内部总线是工控机内部各组成部分之间进行信息传送的公共通道，是一组信号线的集合。常用的内部总线有 IBM PC、PCI、ISA 和 STD 总线。外部总线是工控机与其他计算机或智能设备进行信息传送的公共通道，常用的外部总线有 RS-232C、RS 485 和 IEEE-488 通信总线等。

3. 输入/输出模板

输入/输出模板是工控机和生产过程之间进行信号传递和变换的连接通道，包括模拟量输入通道(AD)、模拟量输出通道(AO)、数字量(开关量)输入通道(DI)、数字量(开关量)输出通道(DO)。输入通道的作用是将生产过程的信号变换成主机能够接受和识别的代码，输出通道的作用是将主机输出的控制命令和数据进行变换，作为执行机构或电气开关的控制信号。

4. 人-机接口

人-机接口包括显示器、键盘、打印机以及专用操作显示台等。通过人-机接口，操作员与计算机之间可以进行信息交换。人-机接口既可以用于显示工业生产过程的状况，也可以用于修改运行参数。

5. 通信接口

通信接口是工控机与其他计算机和智能设备进行信息传送的通道。常用的通信接口有 IEEE-488 并行接口、RS-232C、RS 485 和 USB 串行接口，为方便主机系统集成，USB 总线接口技术正日益受到重视。

6. 磁盘系统

可以采用半导体虚拟磁盘，也可以采用通用的硬磁盘或 USB 磁盘。

（二）生产过程

生产过程包括被控对象、执行机构等装置，这些装置都有各种类型的标准产品，在设计计算机控制系统时，根据实际需求合理选型即可。

四、计算机控制系统的软件结构

对于计算机控制系统而言，除了硬件组成部分以外，软件也是必不可少的部分，软件是指完成各种功能的计算机程序的总和，如完成操作、监控、管理、计算和自诊断的程序等，软件是计算机控制系统的神经中枢，整个系统的动作都是在软件的指挥下进行协调工作的。若按功能分类，软件分为系统软件和应用软件两大部分，系统软件一般是由计算机厂家提供的，用来管理计算机本身的资源、方便用户使用计算机的软件，它主要包括操作系统、编译软件、监控管理软件等，这些软件一般不需要用户自己设计，它们只是作为开发应用软件的工具。应用软件是面向生产过程的程序，如 A/D、D/A 转换程序，数据采样、数字滤波程序，标度变换程序，控制量计算程序，等等。应用软件大都由用户自己根据实际需要进行开发，应用软件的优劣将给控制系统的功能、精度和效率带来很大的影响，它的设计是非常重要的。

第二节　计算机控制系统的分类

计算机控制系统与其所控制的生产对象密切相关，控制对象不同，其控制系统也不同，计算机控制系统的分类方法有很多，可以按照系统的功能、工作特点分类，也可按照控制规律、控制方式分类。

按照控制方式分类，计算机控制系统可分为开环控制和闭环控制。

按照控制规律分类，计算机控制系统可分为程序和顺序控制、比例积分微分控制(PID 控制)、有限拍控制、复杂规律控制、智能控制等。

按照系统的功能、工作特点分类，计算机控制系统分为操作指导控制系统(operation a information system，OIS)、直接数字控制系统(direct digital control system，DDC)、监督计算机控制系统(supervisory computer control system，SCC)、集散控制系统(distributed control system，DCS)、现场总线控制系统、综合自动化系统等。

一、操作指导控制系统

操作指导控制系统是指计算机的输出不直接用来控制生产对象，而只是对系统过程参数进行收集、加工处理，然后输出数据，操作人员根据这些数据进行必要的操作，其原理如图 1-4 所示。

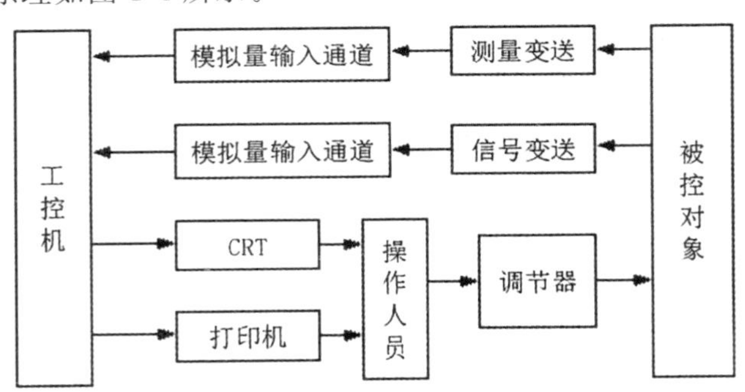

图 1-4　操作指导控制系统的原理

操作指导控制系统的优点是结构简单、控制灵活安全，特别适用于未摸清控制规律的系统，常常用于计算机控制系统研制的初级阶段，或用于试验新的数学模型和调试新的控制程序等。由于它需要人工操作，故不适用于快速过程控制。

二、直接数字控制系统

直接数字控制系统是计算机控制系统中较为普遍的一种方式，其结构如图 1-5 所示。计算机通过输入通道对一个或多个物理量进行检测，并根据规定的控制规律进行运算，然后发出控制信号，通过输出通道直接控制调节阀等执行机构。

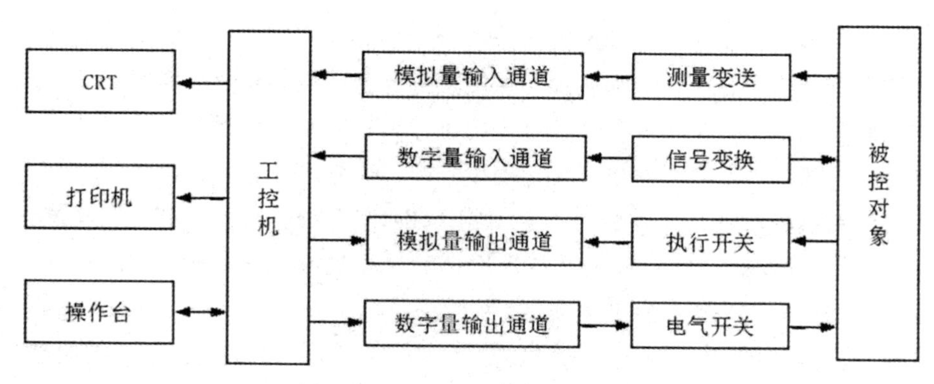

图 1-5　直接数字控制系统的结构

在 DDC 中的计算机参加闭环控制过程，它不仅能完全取代模拟调节器，实现多回路的 PID 调节，而且不需要改变硬件，只需通过改变程序就能实现多种较复杂的控制规律，如串级控制、前馈控制、最优控制等。

三、监督计算机控制系统

在 SCC 中，计算机根据工艺参数和过程参量检测值，按照所设计的控制算法进行计算，计算出最佳设定值后直接传给常规模拟调节器或者 DDC 计算机，最后由模拟调节器或 DDC 计算机控制生产过程。SCC 有两种类型：一种是 SCC＋模拟调节器；另一种是 SCC＋DDC。SCC 的构成如图 1-6 所示。

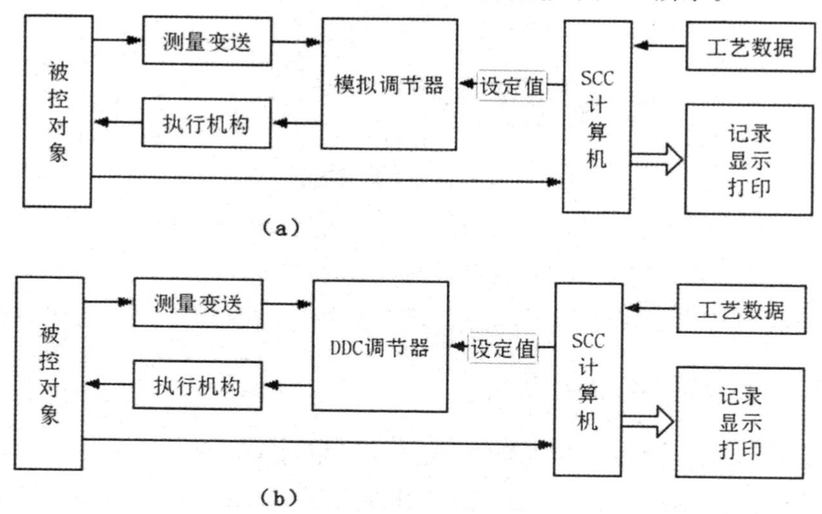

图 1-6　SCC 的构成

(a)SCC＋模拟调节器(b)SCC＋DDC

1. SCC＋模拟调节器的控制系统

在这种类型的系统中，计算机对各过程参数进行巡回检测，并按一定的数学模型对生产工况进行分析、计算后得出被控对象各参数的最优设定值并送给调节器，使工况保持在最优状态。当 SCC 的计算机发生故障时，可由模拟调节器独立执行控制任务。

2. SCC＋DDC 的控制系统

这是一种二级控制系统，SCC 可采用较高档的计算机，它与 DDC 之间通过接口进行信息交换。SCC 计算机完成工段、车间等高一级的最优化分析和计算，然后给出最优设定值，并送给 DDC 计算机执行控制。

通常在 SCC 中，需选用具有较强计算能力的计算机，其主要任务是输入采样和计算设定值。由于 SCC 不参与频繁的输出控制，可有时间进行具有复杂规律的控制算式计算，因此，它能进行最优控制、自适应控制等，并能完成某些管理工作。SCC 的优点是不仅可进行复杂控制规律的控制，而且工作可靠性较高，当 SCC 出现故障时，下级仍可继续执行控制任务。

四、集散控制系统

集散控制系统就是企业经营管理和生产过程控制分别由几级计算机进行控制，实现分散控制、集中管理的系统。这种系统的每一级都有自己的功能，基本上是独立的，但级与级之间或同级的计算机之间又有一定的联系，相互之间可进行通信，集散控制系统的结构如图 1-7 所示。

五、现场总线控制系统

现场总线控制系统（fieldbus control system，FCS）是新一代分布式控制系统，它变革了 DCS 直接控制层的控制站和生产现场的模拟仪表，保留了 DCS 的操作监控层、生产管理层和决策管理层。FCS 从下至上依次分为现场控制层、操作监控层、生产管理层和决策管理层，如图 1-8 所示。其中现场控制层是 FCS 所特有的，另外三层和 DCS 相同。现场总线控制系统的核心是现场总线。

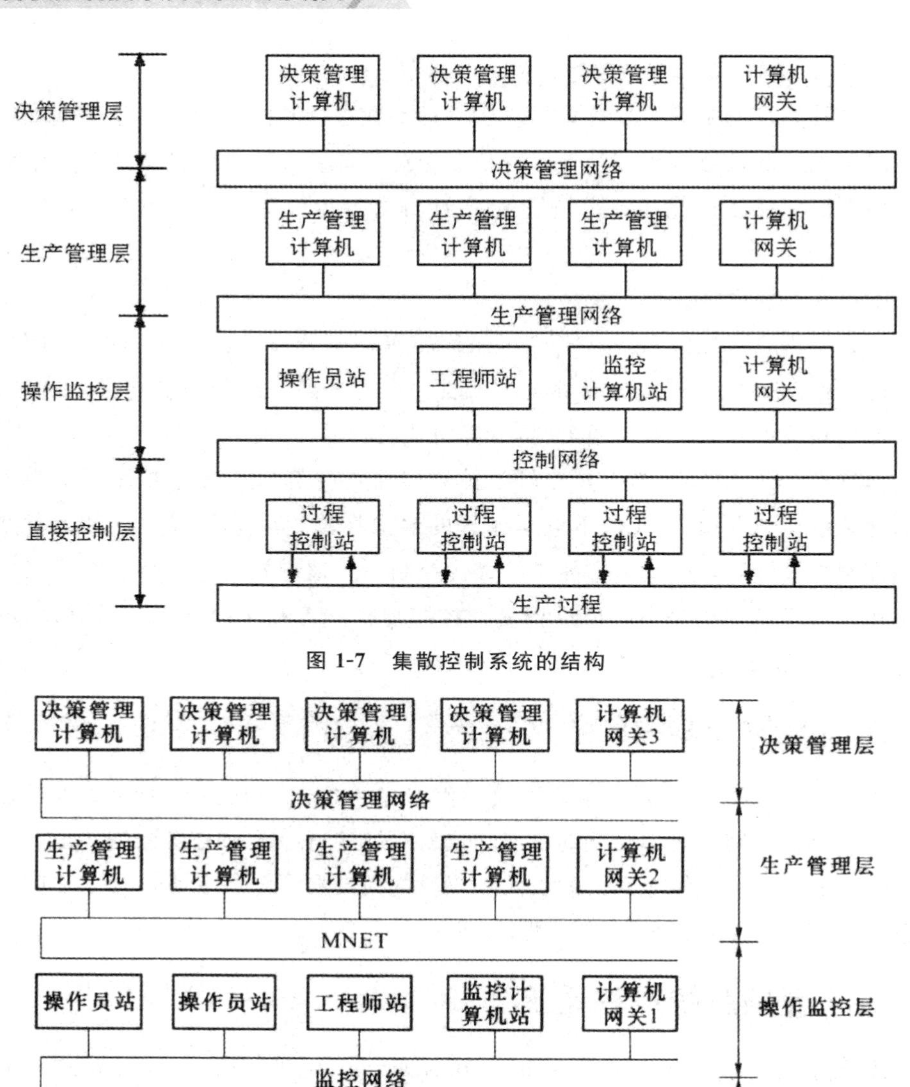

图 1-7　集散控制系统的结构

图 1-8　PCS 体系结构

六、综合自动化系统

综合自动化系统又称现代集成制造系统(contemporary integrated manufacturing systems，CIMS)，其中，“现代”的意思是信息化、智能化和计算机化，“集成”包含信息集成、功能集成等。

目前，综合自动化系统采用ERP/MES/PCS三层结构，如图1-9所示。它将综合自动化系统分为以设备综合控制为核心的过程控制系统(PCS)、以财物分析/决策为核心的企业资源系统(ERP)和以优化管理、优化运行为核心的生产执行系统(MES)。

采用ERP、MES、PCS三层结构的综合自动化系统，符合现代企业生产管理“扁平化”思想，促使管理从以职能功能为中心向以过程为中心转化，这样更易于集成和实现，进而解决了当前软件生产经营层与生产层之间脱节的现状，且生产成本低。

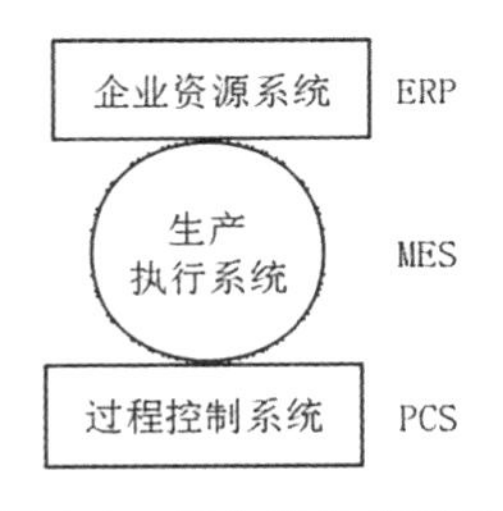

图1-9 综合自动化系统

第三节 计算机控制系统的数学模型

计算机控制系统属于离散系统，其数学模型反映了各采样时刻的输出和输入之间的关系，常用的数学模型有差分方程、脉冲传递函数、权序列和离散状态空间方程等。

一、差分方程

在连续时间系统中，微分方程是很重要的时域模型表达形式，在离散系统中，与其对应的是差分方程。

差分方程的一般形式为

$$a_0y(k+n)+a_1y(k+n-1)+\cdots+a_{n-1}y(k+1)+a_ny(k)$$

$$b_0x(k+m)+b_1x(k+m-1)+\cdots+b_{m-1}x(k+1)+b_mx(k)$$

其中，$k=0,1,2,\cdots$，表示采样时刻；n 为差分方程的阶次，且要求 $m\leqslant n$ 。为了不失一般性，可设 $a_0=1$。

与连续系统中用拉普拉斯变换方法求解微分方程类似，离散系统中用 z 变换方法求解差分方程，变换中主要用到 z 变换的超前定理和滞后定理，得到的差分方程解的形式与微分方程解的形式相似。非齐次差分方程全解是由通解加特解组成的，通解表示方程描述的离散系统在输入为零的情况下(即无外界作用)，由系统非零初始值所引起的自由运动，它反映了系统本身固有的动态特性，而特解表示方程描述的离散系统在外界输入作用下所产生的强迫运行，它既与系统本身的动态特性有关，又与外界输入作用有关，但与系统的初始值无关。

用 z 变换求解差分方程的一般步骤如下。

(1)利用初始条件，运用 z 变换，将差分方程变换为以 z 为变量的代数方程。

$$X(z)=\frac{b_0z^m+b_1z^{m-1}+\cdots+b_{m-1}z+b_m}{a_0z^n+a_1z^{n-1}+\cdots+a_{n-1}z+a_n}$$

(2)先对已知的输入 $x(kT)$)进行 z 变换，得到输出 $y(kT)$ 的 z 变换表达式，再对 $y(z)$ 进行反 z 变换，求出 $x(kT)$ 。

$$G(z)=\frac{Y(z)}{X(z)}$$

已知系统的脉冲传递函数为 $G(z)$ 及输入信号的 z 变换为 $X(z)$ ，则可求得输出响应，即

$$y^*(t)=\mathcal{L}^{-1}[Y(z)]=\mathcal{L}^{-1}[G(z)X(z)]$$

二、脉冲传递函数

对于线性时不变连续系统，常用传递函数来表示系统特性；对于线性时不变离散系统，常用脉冲传递函数来描述系统特性。

1. 脉冲传递函数的定义

脉冲传递函数又称为 z 传递函数，其定义是，在零初始条件下，系统输出采样函数的 z 变换和输入采样函数的 z 变换之比，如图 1-10 所示系统的开环脉冲传递函数可以表示为

$$G(z)=\frac{Y(z)}{X(z)}$$

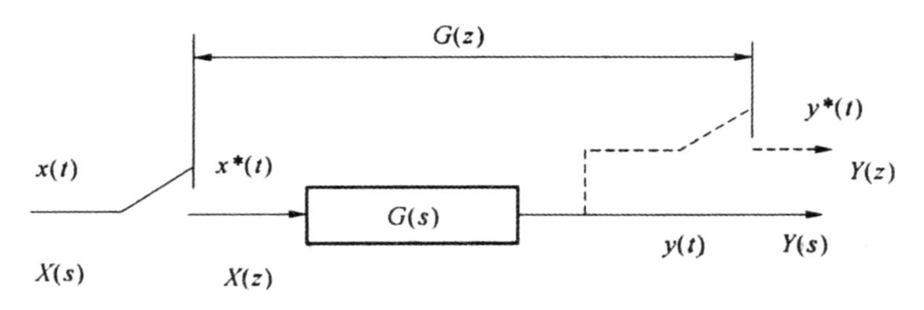

图 1-10　开环采样系统

2. 脉冲传递函数与差分方程的关系

差分方程是离散系统的时域表达形式，脉冲传递函数则是 z 域表达形式，它们相互间可以转化。n 阶差分方程为

$$y(k+n)+a_1y(k+n-1)+\cdots+a_{n-1}y(k+1)+a_ny(k)$$

$$b_0x(k+m)+b_1x(k+m-1)+\cdots+b_{m-1}x(k+1)+b_mx(k)$$

其中，a_1，a_2，…，a_n 和 b_1，b_2，…，b_n 是常数，n 、m 、k 为整数，且 $m\leqslant n$ 。对式两边作 z 变换，并令初始条件 $y(0)=y(1)=\cdots=y(n-1)=0$，$x(0)=(1)=\cdots=x(m-1)=0$ 得到的脉冲传递函数为

$$Gz=\frac{Y(z)}{X(z)}=\frac{b_0z^m+b_1z^{m-1}+\cdots+b_{m-1}z+b_m}{z^n+a_1z^{n-1}+\cdots+a_{n-1}z+a_n}$$

若已知脉冲传递函数，也可以通过反变换得到其差分方程。

第四节　计算机控制的发展

一、计算机控制系统的发展过程

在生产过程控制中采用数字计算机控制的思想出现在 20 世纪 50 年代中期，控制理论与计算机技术的结合产生了计算机控制系统，为自动控制系统的应用与发展开辟了新的途径。

世界上第一台电子计算机于 1946 年在美国问世，经过 10 多年的研究，到 20 世纪 50 年代末，计算机开始用于过程控制。美国得克萨斯州的一个炼油厂从 1956 年开始与美国航天工业公司合作进行计算机控制的研究，到 1959 年，将 RW300 计算机用于控制聚合装置，该系统控制 26 个流量、72 个温度、3 个压力、3个成分，其功能是使反应器压力最小，确定5个反应器进料量的最优分配，根据催化作用控制热水流量和确定最优循环。

计算机控制方面的上述开创性工作使计算机逐步渗入各行各业中。在渗入过程中，既有高潮，也有低潮，但是，最终还是逐步进入成熟期，这时从理论分析、系统设计，到工程实践都有一整套方法，从工作性质上来看，计算机逐步由早期的操作指导控制系统转变为直接数字控制(DDC)，操作指导控制系统仅仅向操作人员提供反映生产过程的数据，并给出指导信息，而直接数字控制可以完全替代原有的模拟控制仪表，由计算机根据生产过程数据，对生产过程直接发出控制作用。1962年，英国帝国化学工业公司实现了一个DDC系统，它的数据采集点为244点，控制阀为129个。

20世纪60年代，由于集成电路技术的发展，计算机技术得到了很大发展，计算机的体积缩小、运算速度加快、工作可靠、价格便宜。20世纪60年代后期，出现了适合工业生产过程控制的小型计算机(minicomputer)，使规模较小的过程控制项目也可以考虑采用计算机控制。20世纪70年代，由于大规模集成电路技术的发展，出现了微型计算机，微型计算机具有价格便宜、体积小、可靠性高等优点，使计算机控制由集中式的控制结构(也就是用一台计算机完成许多控制回路的控制任务)转变成分散控制结构。人们设计出以微型计算机为基础的控制装置，如用于控制8个回路的“现场控制器”、用于控制1个回路的“单回路控制器”等。它们可以被“分散”安装到更接近于测量和控制点的地方，这一类控制装置都具有数字通信能力，它们通过高速数据通道和主控制室的计算机相连接，形成分散控制、集中操作和分级管理的布局，这就是集散控制系统。对DCS的每个关键部位都可以考虑采取冗余措施，保证在发生故障时不会造成停产检修的严重后果，使可靠性大大提高，许多国家的计算机和仪表制造厂都推出了自己的DCS，如美国Honeywell公司的TDC2000和新一代产品TDC3000、日本横河公司的CENTUM等。现在，世界上几十家公司生产的DCS产品已有50多个品种，而且有了几代产品。

除了在过程控制方面计算机控制日趋成熟外，在机电控制、航天技术和各种军事装备中，计算机控制也日趋成熟，得到了广泛的应用，如通信卫星的姿态控制，卫星跟踪天线的控制，电气传动装置的计算机控制，计算机数控机床的控制，工业机器人的姿态的控制，力、力矩伺服系统的控制，射电望远镜的天线控制，飞行器自动驾驶仪的控制，等等。在某些领域，计算机控制已经成为该领域不可缺少的因素。例如，在工业机器人的控制中，不使用计算机控制是无法完成控制任务的，由于在射电望远镜的天线控制系统中使用了计算机控制，引入自适应控制等先进控制方法，所以系统的控制精度大大提高了，从20世纪80年代后期到20世纪90年代，计算机技术又有了飞速的发展，微处理器已由16位发展到32位，并且进一步向64位过渡。高分辨率的显示器增强了图形显示功能，采用多窗口技术和触摸屏调出画面，使操作简单，显示响应速度更快，多媒体技术使计算机可以显示高速动态图像，并有音乐和语音增强显示效果。另外，人工智能和知识工程方法在自动控制领域得到应用，模糊控制、专家控制、各种神经元网络算法在自动控制系统中同样得到应用。

在故障诊断、生产计划和调度、过程优化、控制系统的计算机辅助设计、仿真培训和在线维护等方面越来越广泛使用知识库系统(KBS)和专家系统(ES)。20世纪90年代，分散控制系统开始广泛使用，工厂提出了综合自动化的要求，这对各种控制设备提出了很强烈的通信需求，要求计算机控制的核心设备[如工业控制计算机、现场控制器、单回路调节器和各种可编程控制器(PLC)]之间具有较强的通信能力，使它们能很方便地构成一个大系统，实现综合自动化的目标。这就是在自动化技术、信息技术和各种生产技术的基础上，通过计算机系统将工厂全部生产活动所需要的信息和各种分散的自动化系统有机集成，形成能适应生产环境不确定性和市场需求多变性的高质量、高效益、高柔性的智能生产系统。这种系统在连续生产过程中被称为计算机集成生产/过程系统(computer integrated production/process system，CIPS)，与此相对应的系统在机械制造行业称为计算机集成制造系统(computer integrated manufacturing system，CIMS)。

二、计算机控制系统理论的发展概况

采样控制理论在计算机控制方面已取得了重要成果，同时近年来出现了许多新型控制方法理论。

(一)采样控制理论

在计算机控制系统中包含数字环节，如果同时考虑数字信号在时间上的离散和幅度上的量化效应，严格地说，数字环节是时变非线性环节，那么要对它进行严格的分析是十分困难的，若忽略数字信号的量化效应，则计算机控制系统可看作采样控制系统。在采样控制系统中，如果将其中的连续环节离散化，整个系统便成为纯粹的离散系统。因此，计算机控制系统理论主要包括离散系统理论、采样系统理论及数字系统理论。

1. 离散系统理论

离散系统理论主要指对离散系统进行分析和设计的各种方法的研究。它主要包括以下内容。

(1)差分方程及 z 变换理论。它利用差分方程、z 变换及 z 传递因数等数学工具来分析离散系统的性能及稳定性。

(2)常规设计方法。它是指以 z 传递函数作为数学模型对离散系统进行常规设计的各种方法的研究，如有限拍控制、根轨迹法设计、离散 PID 控制、参数寻优设计及直接解析设计法等。

(3)按极点配置的设计方法。它包括基于传递函数模型及基于状态空间模型的两种极点配置设计方法。在利用状态空间模型时，它包括按极点配置设计控制规律及设计观测器两方面的内容。

(4)最优设计方法。它包括基于传递函数模型及基于状态空间模型的两种设计方法，基于传递函数模型的最优设计主要包括最小方差控制和广义最小方差控制等内容，基于状态空间模型的最优设计法主要包括线性二次型的最优控制及状态的最优估计两个方面，通常简称 LQG(linear quadratic gaussian)问题。

(5)系统辨识及自适应控制方法。

2. 采样系统理论

采样系统理论除了包括离散系统的理论外，还包括以下一些内容。

(1)采样理论。它主要包括香农(Shannon)采样定理、采样频谱及混叠、采样信号的恢复以及采样系统的结构图分析等。

(2)连续模型及性能指标的离散化。为了使采样系统能变成纯粹的离散系统来进行分析和设计，需将采样系统中的连续部分进行离散化，这里首先需要将连续环节的模型表示方式离散化。由于模型表示主要采用传递函数和状态方程两种形式，因此连续模型的离散化也主要包括这两个方面。由于实际的控制对象是连续的，性能指标函数常常以连续的形式给出，这样将更能反映实际系统的性能要求，因此也需要将连续的性能指标进行离散化。由于主要采用最优和按极点配置的设计方法，因此性能指标的离散化也主要包括这两个方面。连续系统的极点分布转换为相应离散系统的极点分布是一件十分简单的工作，而连续的二次型性能指标函数的离散化则需要较为复杂的计算。

(3)性能指标函数的计算。采样控制系统中控制对象是连续的，控制器是离散的，性能指标函数常常以连续的形式给出。为了分析系统的性能，需要计算采样系统中连续的性能指标函数，其中包括确定性系统和随机性系统两种情况。

(4)采样控制系统的仿真。

(5)采样周期的选择。

3. 数字系统理论

数字系统理论除了包括离散系统和采样系统的理论外，还包括数字信号量化效应的研究，如量化误差、非线性特性的影响等，同时还包括数字控制器中的一些问题，如计算延时、控制算法编程等。

(二)新型控制方法理论

常规的控制方法(如 PID 控制等)在计算机控制系统中得到了广泛应用，但这些控制方法一是要求被控对象是精确的、时不变的，且是线性的；二是要求操作条件和运行环境是确定的、不变的。但是对于结构是时变的，有许多不确定因素的，非线性、多变量、强耦合和高维数的，既有数字信息又有多媒体信息的对象，难以建立常规的数学模型，而且，运行环境的改变和环境干扰的时变，再加上信息的模糊性、不完全性、偶然性和未知性，使系统的环境复杂化，控制任务不再限于系统的调节和伺服问题，还包括了优化、监控、诊断、调度、规划、决策等复杂任务，因而建立和实践了一些新的控制方法，这些方法在实际中得到了改进和发展。

1. 鲁棒控制

控制系统的鲁棒性是指系统的某种性能或某个指标在某种扰动下保持不变的程度(或对扰动不敏感的程度)。其基本思想是在设计中设法使系统对模型的变化不敏感，使控制系统在模型误差扰动下仍能保持稳定，品质也保持在工程所能接受的范围内。鲁棒控制主要有代数方法和频域方法，前者的研究对象是系统的状态矩阵或特征多项式，讨论多项式族或矩阵族的鲁棒控制；后者是从系统的传递函数矩阵出发，通过使系统的传递函数矩阵 $\boldsymbol{H}_\infty$ 的范数取极小，来设计出相应的控制规律。

鲁棒控制方法的理论成果主要应用在飞行器、柔性结构、机器人等领域，在工业过程控制领域中应用较少。

2. 预测控制

预测控制是一种基于模型又不过分依赖模型的控制方法，其基本思想类似于人的思维与决策，即根据头脑中对外部世界的了解，通过快速思维不断比较各种方案可能造成的后果，从中择优予以实施。它的各种算法是建立在模型预测、滚动优化、反馈校正三条基本原理上的，其核心是在线优化。这种“边走边看”的滚动优化控制方法可以随时顾及模型失配、时变、非线性或其他干扰因素等，从而及时进行弥补，减少偏差，以获得较高的综合控制质量。预测控制集建模、优化和反馈于一体，三者滚动进行，它的控制思想和优良的控制效果一直为学术界和工业界所瞩目。

3. 模糊控制

模糊控制是一种应用模糊集合理论的控制方法，也是一种能够提高工业自动化能力的控制技术，模糊控制是智能控制中一个十分活跃的研究领域。凡是无法建立数学模型或难以建立数学模型的场合都可采用模糊控制方法。

模糊控制的特点：一方面，模糊控制提供了一种实现基于自然语言描述规则的控制规律的新机制；另一方面，模糊控制器提供了一种改进非线性控制器的替代方法，这些非线性控制器一般用于控制含有不确定性和难以用传统非线性理论来处理的装置。

4. 神经网络控制

神经网络控制是一种基本上不依赖于模型的控制方法，它比较适用于那些具有不确定性或高度非线性的控制对象，具有较强的适应和学习功能。

5. 专家控制

专家控制系统是一种已广泛应用于故障诊断、各种工业过程控制和工业设计的智能控制系统，工程控制论与专家系统的结合形成了专家控制系统。

专家控制系统有专家控制系统和专家式控制器两种主要形式。前者采用“黑板”等结构，较为复杂，造价较高，因而目前用得较少；后者多为工业专家控制器，结构较为简单，又能满足工业过程的控制要求，因而应用日益广泛。

6. 遗传算法

遗传算法是一种新发展起来的优化算法，是基于自然选择和基因遗传学原理的搜索算法。它将“适者生存”这一基本的达尔文进化理论引入串结构，并且在串之间进行有组织但又随机的信息交换。

遗传算法在自动控制中的应用主要是进行优化和学习，特别是将它与其他控制策略结合，能够获得较好的效果。

上述的新型控制方法各有特长，但在某些方面都有其不足，因而各种控制方法相互渗透和结合，构成复合控制方法是主要发展趋势。组合智能控制系统的目标是将智能控制与常规控制模式有机地组合起来，以便取长补短，获得互补性，提高整体优势，以期获得将人类、人工智能和控制理论高度紧密结合的智能系统，如PID模糊控制器、自组织模糊控制器、基于神经网络的自适应控制系统等。

三、计算机控制系统的发展趋势

计算机控制技术的发展与信息化、数字化、智能化、网络化的技术潮流相关，与微电子技术、控制技术、计算机技术、网络与通信技术、显示技术的发展密切相关，互为因果，互相补充和促进；各种自动化手段互相借鉴，工控机系统、自动化系统、机电一体化系统、数控系统、先进制造系统、CIMS各有背景，都很活跃，相互借鉴，相互渗透和融合，使彼此之间的界限越来越模糊。各种控制系统互相融合，在相当长的一段时间内，FCS、IPC、NC/CNC、DCS、PLC，甚至嵌入式控制系统，将相互学习、相互补充、相互促进、彼此共存。各种控制系统虽然设计的初衷不一，各有特色，各有适宜的应用领域，也各有不适应的地方，但技术上都知道学人之长、补己之短，融合与集成是大势所趋，势不可挡。计算机控制系统的发展趋势主要集中在如下几个方面：综合化、虚拟化、智能化、绿色化。

（一）综合化

随着现代管理技术、制造技术、信息技术、自动化技术、系统工程技术的发展，综合自动化技术（ERP＋MES＋PCS）将会在工业过程中得到广泛应用，将企业在生产过程中的资源、技术、经营管理三要素及其信息流、物流有机地集成并优化运行，可大大提高企业的经济效益。

（二）虚拟化

在数字化基础上，虚拟化技术的研究正在迅速发展。它主要包括虚拟现实（VR）、虚拟产品开发（VPD）、虚拟制造（VM）和虚拟企业（VE）等。

（三）智能化

经典的反馈控制、现代控制和大系统理论在应用中遇到了不少难题。首先，这些控制系统的设计和分析都是建立在精确的系统模型的基础上，而实际系统一般难以获得精确的数学模型；其次，为了提高控制性能，整个控制系统变得极其复杂，增加了设备的投资，降低了系统的可靠性，人工智能的出现和发展促进自动控制向更高的层次发展，即智能控制。智能控制是一种无须人的干预就能够自主地驱动智能机器实现其目标的过程，也是用机器模拟人类智能的又一重要领域，因此要大力推行研究和发展智能控制系统。

（四）绿色化

绿色自动化技术的概念主要是从信息、电气技术与设备的方面出发。减少、消除自动化设备对人类的损害、环境的污染，其主要内容包括信息安全保证与信息污染减少、电磁谐波抑制、洁净生产、人-机和谐、绿色制造等，这是全球可持续发展战略在自动化领域中的体现，是自动化学科的一个崭新课题。

第二章

计算机控制系统设计与工程实现

第一节　控制系统的设计原则

对于不同的控制对象，系统的设计方案和具体的技术指标是不同的，但控制系统的设计原则是相同的。这就是满足了工艺要求、可靠性高、操作性能好、实时性强、通用性好、经济效益高的设计原则。

一、满足工艺要求

在设计计算机控制系统时，首先应满足生产过程所提出的各种要求及性能指标，因为计算机控制系统是为生产过程自动化服务的，因此设计之前必须对工艺过程有一定的了解，系统设计人员应该和工艺人员密切配合，才能设计出符合生产工艺要求和性能指标的控制系统。

设计的控制系统所达到的性能指标不应低于生产工艺要求，但片面追求过高的性能指标而忽视设计成本和实现上的可能性也是不可取的。

二、可靠性要高

对工业控制的计算机系统最基本的要求是可靠性高。否则，一旦系统出现故障，将造成整个控制过程的混乱，会引起严重的后果，由此造成的损失往往大大超出计算机控制系统本身的价值。在工业生产过程中，特别是在一些连续生产过程的企业中，是不允许故障率高的设备存在的。

系统的可靠性是指系统在规定的条件下和规定的时间内完成规定功能的能力。在计算机控制系统中，可靠性指标一般用系统的平均无故障时间(MTBF)和平均维修时间(MTTR)来表示。MTBF 反映了系统可靠工作的能力，MTTR 表示系统出现故障后立即恢复工作的能力，一般希望 MTBF 要大于某个规定值，而 MTTR 值越短越好。因此，在系统设计时，首先要选用高性能的工业控制计算机，保证在恶劣的工业环境下仍能正常运行；其次是设计可靠的控制方案，并具备各种安全保护措施，如报警、事故预测、事故处理、不间断电源等。

为了预防计算机故障，还须设计后备装置。对于一般的控制回路，选用手动操作器作为后备；对于重要的回路，选用常规控制仪表作为后备。这样，一旦计算机出现故障，就把后备装置切换到控制回路中去，以维持生产过程的正常运行。对于特殊的控制对象，可设计两台计算机互为备用地执行控制任务，成为双机系统。对于规模较大的系统，应注意功能分散，即可采用分散控制系统或现场总线控制系统。

三、操作性能要好

操作性能好包括两个含义，即使用方便和维护容易。

首先是使用方便。系统设计时要尽量考虑用户的方便使用，尤其是操作面板的设计，既要体现操作的先进性，又要兼顾原有的操作习惯，控制开关不能太多、太复杂，尽量降低对使用人员专业知识的要求，使他们能在较短时间内熟悉和掌握操作。

其次是维修容易。即一旦发生故障，易于查找和排除。在硬件方面，从零部件的排列位置到标准化的模板结构以及能否便于带电插拔等都要通盘考虑；从软件角度而言，要配置查错程序和诊断程序，以便在故障发生时能用程序帮助查找故障发生的部位，从而缩短排除故障的时间。

四、实时性要强

计算机控制系统的实时性，表现在对内部和外部事件能及时地响应，并做出相应的处理，不丢失信息，不延误操作。计算机处理的事件一般分为两类：一类是定时事件，如数据的定时采集、运算控制等，对此系统应设置时钟，保证定时处理；另一类是随机事件，如事故报警等，对此系统应设置中断，并根据故障的轻重缓急预先分配中断级别，一旦事故发生，保证优先处理紧急故障。

五、通用性要好

工业控制的对象千差万别，而计算机控制系统的研制开发又需要有一定的投资和周期。一般来说，不可能为一台装置或一个生产过程研制一台专用计算机，常常是设计或选用通用性好的计算机控制装置灵活地构成系统。当设备和控制对象有所变更时，或者再设计另外一个控制系统时，通用性好的系统一般稍做更改或扩充就可适应。

计算机控制系统的通用灵活性体现在两个方面，具体如下。一是硬件设计方面，首先应采用标准总线结构，配置各种通用的功能模板或功能模块，以便在需要扩充时，只要增加相应板块就能实现，即便当 CPU 升级时，也只要更换相应

的升级芯片及少量相关电路即可实现系统升级的目的；其次，在系统设计时，各设计指标要留有一定的余量，如输入/输出通道指标、内存容量、电源功率等。二是软件方面，应采用标准模块结构，尽量不进行二次开发，主要是按要求选择各种软件功能模块，灵活地进行控制系统的组态。

六、经济效益要高

计算机控制应该带来高的经济效益，要有市场竞争意识。经济效益表现在两方面：一是系统设计的性能价格比要尽可能高，在满足设计要求的情况下，尽量采用物美廉价的元器件；二是投入产出比要尽可能低，应该从提高生产的产品质量与产量、降低能耗、消除污染、改善劳动条件等方面进行综合评估。

第二节 控制工程的实现步骤

作为一个计算机控制系统的工程项目，在设计研制过程中应经过哪些步骤，这是需要认真考虑的。如果步骤不清，或者每一步需要做什么不明确，就有可能引起研制过程中的混乱甚至返工。计算机控制系统的研制过程一般可分为四个阶段：准备阶段、设计阶段、仿真及调试阶段和现场调试运行阶段。

一、准备阶段

在一个工程项目研制实施的开始阶段，首先碰到的问题是甲方和乙方之间的合同关系。

甲方是任务的委托方，乙方是任务的承接方。图 2-1 给出了系统研制准备阶段的流程，该流程既适合于甲方，也适合于乙方。

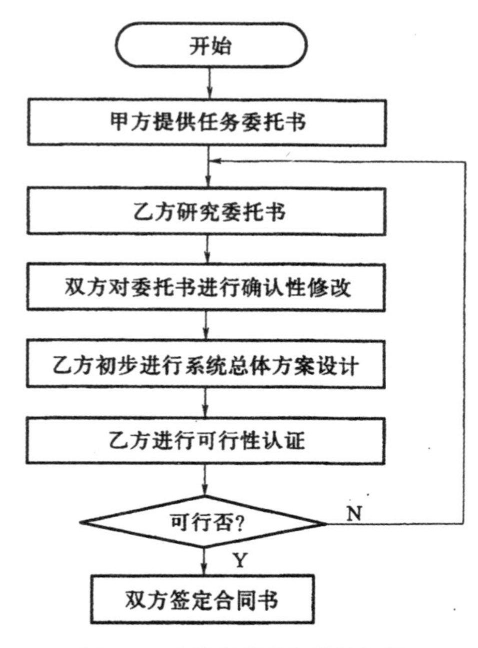

图 2-1 系统研制准备阶段流程

1. 甲方提出任务委托书

在委托乙方承接系统项目前，甲方一定要提供正式的书面任务委托书，该委托书一定要有清楚准确的系统技术性能指标，还要包含经费、计划进度及合作方式等内容。

2. 乙方研究任务委托书

乙方在接到任务委托书后要认真阅读，并逐条进行研究。对含糊不清、认识上有分歧和需补充或删节的地方要逐条标出，并拟订出要进一步弄清的问题及修改意见。

3. 双方对委托书进行确认性修改

在乙方对委托书进行了认真研究之后，双方应就委托书的确认或修改事宜进行协商和讨论。经过确认或修改过的委托书中不应该再有含义不清的词汇和条款，而且双方的任务和技术界面必须划分清楚。

4. 乙方初步进行系统总体方案设计

由于任务和经费没有落实，所以这时总体方案的设计只能是粗线条的。但应能反映出三大关键问题：技术难点、经费概算、工期。乙方应多做几个不同的方案以便比较。

5. 乙方进行方案可行性论证

方案可行性论证的目的是要估计承接该项任务的把握性，并为签合同后设计阶段的总体设计打下基础。论证的主要内容是技术可行性、经费可行性、进度计划可行性。特别要指出，对控制项目尤其是对可测性和可控性应给予充分重视。

如果论证的结果可行，接着就应做好签合同前的准备工作；如果不可行，则应与甲方进一步协商任务委托书的有关内容或对条款进行修改。若不能修改，则合同不能签订。

6. 签订合同书

这是准备阶段的最后一个步骤。合同书是双方达成一致意见的结果，也是以后双方合作的唯一依据和凭证。合同书应包含如下内容：双方的任务划分和各自应承担的责任、合作方式、付款方式、进度和计划安排、验收方式及条件、成果的归属、违约的解决办法等。

合同书的最后签订，也就意味着双方认可的系统总体方案得以确定，可以进入下一个设计阶段。

二、设计阶段

控制系统的设计阶段又分为总体设计、硬件设计、软件设计等几个步骤。

（一）总体设计

总体设计就是要了解控制对象、熟悉控制要求，确定总的技术性能指标，确定系统的构成方式及控制装置与现场设备的选择，以及控制规律算法和其他特殊功能要求。

1. 确定系统任务与控制方案

在进行系统设计之前，首先应对控制对象的工艺流程进行分析归纳，明确具体要求，确定系统所要完成的任务，一般应同用户讨论并得到用户的认可。然后根据系统要求，确定采用开环还是闭环控制；闭环控制还需进一步确定是单闭环还是多闭环；进而还要确定出整个系统是采用DDC，还是采用SCC，或者采用DCS或FCS。

2. 确定系统的构成方式

控制方案确定后，就可以进一步确定系统的构成方式，即进行控制装置机型的选择。目前已经生产出许多用于工业控制的计算机装置可供选择，如单片机、可编程调节器、IPC、PLC 和 DCS、FCS 等。

在以模拟量为主的中小规模的过程控制环境下，一般应优先选择总线式 IPC 来构成系统的方式；在以数字量为主的中小规模的运动控制环境下，一般应优先选择 PLC 来构成系统的方式。IPC 或 PLC 具有系列化、模块化、标准化和开放式系统结构，有利于系统设计者在系统设计时根据要求任意选择，像搭积木般地组建系统。这种方式可提高系统研制和开发速度，提高系统的技术水平和性能，增加可靠性。

当系统规模较小、控制回路较少时，可以考虑采用可编程调节器或控制仪表；如果是小型控制装置或智能仪器仪表的研制设计，则可以采用单片机系列。当系统规模较大，自动化水平要求高，甚至集控制与管理为一体的系统可选用 DCS、FCS、高档 PLC 或其他工控网络构成。

3. 选择现场设备

现场设备主要包含传感器、变送器和执行器的选择。随着控制技术的发展，测量各种参数的传感器，如温度、压力、流量、液位、成分、位移、重量、速度等，种类繁多，规格各异；而执行器也有模拟量执行器、数字量执行器以及电动、气动、液动等之分。因此，如何正确选择这些现场设备，确实不是一件简单的事情，这其中的任何一个环节都会影响系统的控制任务和控制精度。

4. 确定控制算法

选用什么控制算法才能使系统达到要求的控制指标，也是系统设计的关键问题之一。控制算法的选择与系统的数学模型有关，在系统的数学模型确定后，便可推导出相应的控制算法。

所谓数学模型就是系统动态特性的数学表达式，它表示系统输入、输出及其内部状态之间的关系。一般多由实验方法测出系统的阶跃响应特性曲线，然后由曲线确定出其数学模型。

当系统模型确定之后，即可确定控制算法。计算机控制系统的主要任务就是按此控制算法进行控制。因此，控制算法的正确与否，直接影响控制系统的调节品质。

由于控制对象多种多样，相应控制模型也各异，所以控制规律及其控制算法也是多种多样的。如一般简单的生产过程常采用 P、PI 或 PID 控制；对于工况复杂、工艺要求高的生产过程，一般的 PID 不能达到性能指标时，应采取其他控制规律，如串级、前馈、自适应等；对于快速随动系统，可选用最少拍控制；对具有纯滞后的控制对象，可选用纯滞后补偿或大林控制；对具有时变、非线性特性的控制对象以及难以建立数学模型的控制对象，可选用模糊控制；另外，还有随机控制、智能控制等其他控制算法。

5. 硬件、软件功能的划分

在计算机控制系统中，一些控制功能既能由硬件实现，亦能用软件实现。故系统设计时，硬件、软件功能的划分要综合考虑。用硬件来实现一些功能的好处是可以加快处理速度，减轻主机的负担，但要增加部件成本；而软件实现正好相反，可以降低成本，增加灵活性，但要占用主机更多的时间。一般的考虑原则是视控制系统的应用环境与今后的生产数量而定。对于今后能批量生产的系统，为了降低成本，提高产品竞争力，在满足指标功能的前提下，应尽量减少硬件器件，多用软件来完成相应的功能。如果软件实现很困难，而用硬件实现却比较简单，且系统的批量又不大的话，则用硬件实现功能比较妥当。

6. 其他方面的考虑

其他方面的系统还应考虑人机界面、系统的机柜或机箱的结构设计、抗干扰等方面的问题。最后初步估算一下成本，做出工程概算。

对所提出的总体设计方案要进行合理性、经济性、可靠性以及可行性论证。论证通过后，便可形成作为系统设计依据的系统总体方案图和系统设计任务书，以指导具体的系统设计过程。

（二）硬件设计

对于通用控制系统，可以首选现成的总线式 IPC 系统或者 PLC 装置，以加快设计研制进程，使系统硬件设计的工作量减到最小。例如，STD 总线、PC 总线 IPC 有数十种国内外的品牌，PLC 也有十几种品牌几十种系列可供选择。这些符合工业化标准的控制装置的模板、模块产品都经过严格测试，并可提供各种软件、硬件接口，包括相应的驱动程序等。这些模板模块产品只要总线标准一致，买回后插入相应空槽即可运行，构成系统极为方便。所以，除非无法买到满足自己要求的产品，否则绝不要随意决定自行研制。

无论是选用现成的 IPC，还是采用 PLC 装置，设计者都要根据系统要求选择合适的模板或模块。选择内容一般包括：①根据控制任务的复杂程度、控制精度以及实时性要求等选择主机板(包括总线类型、主机机型等)；②根据 AI、AO 点数、分辨率和精度，以及采集速度等选 A/D 板、D/A 板(包括通道数量、信号类别、量程范围等)；③根据 DI、DO 点数和其他要求，选择开关量输入/输出板(包括通道数量、信号类别、交直流和功率大小等)；④根据人机联系方式选择相应的接口板或显示操作面板(包括参数设定、状态显示、手动自动切换和异常报警等)；⑤根据需要选择各种外设接口、通信板块等；⑥根据工艺流程选择测量装置(包括被测参数种类、量程大小、信号类别、型号规格等)；⑦根据工艺流程选择执行装置(包括能源类型、信号类别、型号规格等)。

采用通用控制装置构成系统的优点是系统配置灵活，规模可大可小，扩充方便，维修简单，由于无须进行硬件线路设计，因而对设计人员的硬件技术水平要求不高。一般 IPC 都配有系统软件，有的还配有各种控制软件包；而有的 IPC 只提供硬件设计上的方便，而应用软件需自行开发，或者系统设计者愿意自己开发研制全部应用软件，以获取这部分较高的商业利润。

专用控制系统是指应用领域比较专一，或者是为某项应用而专门设计、开发的计算机控制系统，如数控机床控制设备、彩色印刷控制设备、电子称重仪及其他智能数字测控设备等专用的智能化仪器仪表及小型控制系统。另外，带有智能控制功能的家电产品也属这类系统。这些系统偏重于某几项特定的功能，系统的软硬件比较简单和紧凑，常用于批量的定型产品中。

硬件完全按系统的要求进行配置，软件多采用固化的专用芯片和相应器件，一般可采用单片机系统或专用的控制芯片来实现，开发完成后一般不做较大的更改。这种方法的优点是系统针对性强、价格便宜，缺点是设计制造周期长，设计人员应具备较深的计算机知识，系统的全部硬件、软件均需自行开发研制。

(三)软件设计

用 IPC 或 PLC 来组建计算机控制系统不仅能减少系统硬件设计工作量，而且还能减少系统软件设计工作量。一般它们都配有实时操作系统或实时监控程序以及各种控制、运算软件和组态软件等，可使系统设计者在最短的周期内开发出应用软件。

如果从选择单片机入手来研制控制系统，那系统的全部硬件、软件均需自行开发研制。自行开发控制软件时，应先画出程序总体流程图和各功能模块流程图，再选择程序设计语言，然后编制程序。程序编制应先模块后整体。软件设计应考虑以下几个方面。

1. 编程语言的选择

根据机型不同和控制工况不同，可以选择不同的编程设计语言。目前常用的语言有汇编语言、高级语言、组态语言等。

汇编语言是使用助记符代替二进制指令码的面向机器的语言。用汇编语言编出的程序质量较高，且易读、易记、易检查和修改，但不同的机器有不同的汇编语言，如 MCS-51 单片机汇编语言、8086CPU 汇编语言等。编程者必须先熟悉这种机器的汇编语言才能编程，这就要求编程者要有较深的计算机软件和硬件知识以及一定程度的程序设计技能与经验。

高级语言更接近英语自然语言和数学表达式，程序设计人员只要掌握该种语言的特点和使用方法，而不必了解机器的指令系统就可以编程设计。因而它具有通用性好、功能强、更易于编写等特点，是近年来发展很快的一种编程方式。目前，AT89、51 系列单片机常用的高级语言有 C-51、PL/M-51 以及 M BASIC-51 等。

高级语言在编写控制算法和图形显示方面具有独特的优点，而汇编语言编写的程序比用高级语言编写的程序执行速度快、占用内存少。所以，一种较好的模式是混合使用两种语言，用汇编语言编写中断管理、输入/输出等实时性强的程序，而用高级语言编写计算、图形显示、打印等运算管理程序。

组态语言是一种针对控制系统而设计的面向问题的高级语言，它为用户提供了众多的功能模块，比如控制算法模块(如 PID)、运算模块(四则运算、开方、最大值/最小值选择、一阶惯性、超前滞后、工程量变换、上下限报警等数十种)、计数/计时模块、逻辑运算模块、输入模块、输出模块、打印模块、CRT 显示模块等。系统设计者只需根据控制要求选择所需的模块就能十分方便地生成系统控制软件，因而软件设计工作量大为减少。常用的组态软件有 In Touch、FIX、WinCC、King View 组态王、MCG S、力控等。

在软件技术飞速发展的今天，各种软件开发工具琳琅满目，每种开发语言都有其各自的长处和短处。在设计控制系统的应用程序时，究竟选择哪种语言编程，还是两种语言混合使用，这要根据被控对象的特点、控制任务的要求以及所具备的条件而定。

2. 数据类型和数据结构规划

系统的各个模块之间要进行各种信息传递，如数据采集模块和数据处理模块之间，数据处理模块和显示模块、打印模块之间的接口条件，也即各接口参数的数据结构和数据类型必须严格统一规定。

从数据类型上来分类，可分为逻辑型和数值型。通常将逻辑型数据归到软件标志中去考虑。数值型数据可分为定点数和浮点数，定点数具有直观、编程简单、运算速度快的优点，缺点是表示的数值动态范围小，容易溢出；而浮点数则相反，数值动态范围大、相对精度稳定、不易溢出，但编程复杂，运算速度低。

如果某参数是一系列有序数据的集合，如采样信号序列，则不只有数据类型问题，还有一个数据存放格式问题，即数据结构问题。具体说来，就是按顺序结构、链形结构还是树形结构来存放数据。

3. 资源分配

完成数据类型和数据结构的规划后，便开始分配系统的资源。系统资源包括ROM、RAM、定时器/计数器、中断源、I/O 地址等。ROM 资源用来存放程序和表格，I/O 地址、定时器/计数器、中断源在任务分析时已经分配好了。因此，资源分配的主要工作是 RAM 资源的分配。

RAM 资源规划好后，应列出一张 RAM 资源的详细分配清单，作为编程依据。

4. 控制软件的设计

计算机控制系统的实时控制应用程序一般包括以下几部分。

(1)数据采集及数据处理程序。数据采集程序主要包括模拟量和数字量多路信号的采样、输入变换、存储等；数据处理程序主要包括数字滤波程序、线性化处理和非线性补偿、标度变换程序、越限报警程序等。

(2)控制算法程序。它是计算机控制系统的核心程序，其内容由控制系统的类型和控制规律所决定。一般有数字 PID 控制算法、大林算法、Smth 补偿控制算法、最少拍控制算法、串级控制算法、前馈控制算法、解耦控制算法、模糊控制算法、最优控制算法等。实际实现时，可选择合适的一种或几种控制算法来实现控制。

(3)控制量输出程序。控制量输出程序实现对控制量的处理(上下限和变化率处理)、控制量的变换及输出，驱动执行机构或各种电气开关。控制量也包括模拟量和开关量输出两种。

(4)人机界面程序。这是面板操作管理程序，包括键盘、开关、拨码盘等信息输入程序，显示器、指示灯、监视器和打印机等输出程序，事故报警以及故障检测程序等。

(5)程序实时时钟和中断处理程序。计算机控制系统中有很多任务是按时间来安排的，因此实时时钟是计算机控制系统的运行基础。时钟有绝对时钟和相对时钟两种。绝对时钟与当地的时间同步，相对时钟与当地时间无关。许多实时任务如采样周期、定时显示打印、定时数据处理等都必须利用实时时钟来实现，并由定时中断服务程序去执行相应的动作或处理动作状态标志。另外，事故报警、掉电保护等一些重要事件的处理也常常使用中断技术，以使计算机能对事件做出及时处理。

(6)数据管理程序。这部分程序用于生产管理，主要包括画面显示、变化趋势分析、报警记录、统计报表打印输出等。

(7)数据通信程序。数据通信程序主要完成计算机与计算机之间、计算机与智能设备之间的信息传递和交换。

5. 程序设计的方法

应用程序的设计方法可采用模块化程序设计和自顶向下程序设计等方法。

模块化程序设计是把一个较长的程序按功能分成若干个小的程序模块，然后分别进行独立设计、编程、测试和查错之后，最后把各调试好的程序模块连成一个完整的程序。模块化程序设计的特点是单个小程序模块的编写和调试比较容易；一个模块可以被多个程序调用；检查错误容易，且修改时只需改正该模块即可，无须牵涉其他模块。但这种设计在对各个模块进行连接时有一定困难。

自顶向下程序设计时，先从主程序进行设计，从属的程序或子程序用程序符号来代替。主程序编好后，再编写从属的程序，最后完成整个系统的程序设计。这种方法的特点是设计、测试和连接同时按一个线索进行，比较符合人们的日常思维方式，设计中的矛盾和问题可以较早发现和解决。但这种设计的最大问题就是上一级的程序错误将会对整个程序产生影响，并且局部的修改将牵连全局。

三、仿真及调试阶段

离线仿真及调试阶段一般在实验室进行，首先进行硬件调试与软件调试，然后进行硬件、软件统调，最后考机运行，为现场投运做好准备。

(一)硬件调试

对于各种标准功能模板，应按照说明书检查主要功能，如主机板(CPU 板)上 RAM 区的读写功能、ROM 区的读出功能、复位电路、时钟电路等的正确性。

在调试 A/D 模板和 D/A 模板之前，必须准备好信号源、数字电压表、电流表等标准仪器。对这两种模板首先检查信号的零点和满量程，然后再分挡检查，并且上行和下行来回调试，以便检查线性度是否合乎要求。

利用开关量输入和输出程序来检查开关量输入(DI)和开关量输出(DO)模板。测试时可在输入端加开关量信号，检查读入状态的正确性；可在输出端用万用表或灯泡检查输出状态的正确性。

硬件调试还包括现场仪表和执行器，这些仪表必须在安装之前按说明书要求校验完毕。

如是 DCS 等通信网络系统，还要调试通信功能，验证数据传输的正确性。

(二)软件调试

软件调试的顺序是子程序、功能模块和主程序。

控制模块的调试应分为开环和闭环两种情况进行。开环调试是检查 PID 控制模块的开环阶跃响应特性，开环阶跃响应实验是分析记录在不同的 P、I、D 参数下，针对不同阶跃输入幅度、不同控制周期、正反两种作用方向时的纯比例控制、比例积分控制以及比例积分微分控制三种主要响应曲线，从而确定较佳的 P、I、D 参数。

在完成 PID 控制模块开环特性调试的基础上，还必须进行闭环特性调试，即检查 PID 控制模块的反馈控制功能。被控对象可以使用实验室物理模拟装置，也可以使用电子式模拟实验室设备。实验方法与模拟仪表调节器组成的控制系统类似，即分别做设定值和外部扰动的阶跃响应实验，改变 P、I、D 参数以及阶跃输入的幅度，分析被控制量的阶跃响应曲线和 PID 控制器输出控制量的记录曲线，判断闭环工作是否正确。在纯 PID 控制闭环实验通过的基础上，再逐项加入一些计算机控制的特殊功能，如积分分离、微分先行、非线性 PID 等，并逐项检查是否正确。

一般与过程输入/输出通道无关的程序，如运算模块都可用开发装置或仿真器的调试程序进行调试，有时为了调试某些程序，可能还要编写临时性的辅助程序。

一旦所有的子程序和功能模块调试完毕，就可以用主程序将它们连接在一起，进行整体调试。整体调试的方法是自底向上逐步扩大，首先按分支将模块组合起来，以形成模块子集，调试完各模块子集，再将部分模块子集连接起来进行局部调试，最后进行全局调试。这样经过子集、局部和全局三步调试，完成了整体调试工作。通过整体调试能够把设计中存在的问题和隐含的缺陷暴露出来，从而基本上消除了编程上的错误，为以后的系统仿真调试和在线调试及运行打下良好的基础。

（三）系统仿真

在硬件和软件分别调试后，必须再进行全系统的硬件、软件统调，即所谓的系统仿真，也称为模拟调试。所谓系统仿真，就是应用相似原理和类比关系来研究事物，也就是用模型来代替实际被控对象进行实验和研究。系统仿真有以下三种类型：全物理仿真(即在模拟环境条件下的全实物仿真)；半物理仿真(即硬件闭路动态试验)；数字仿真(即计算机仿真)。

系统仿真尽量采用全物理或半物理仿真。试验条件或工作状态越接近真实，其效果也就越好。对于纯数据采集系统，一般可做到全物理仿真；而对于控制系统，要做到全物理仿真几乎是不可能的。这是因为，我们不可能将实际生产过程搬到自己的实验室中。因此，控制系统只能做离线半物理仿真，被控对象可用实验模型代替。

（四）考机

在系统仿真的基础上，还要进行考机运行，即进行长时间的运行考验，有时还要根据实际的运行环境，进行特殊运行条件的考验，如高温和低温剧变运行试验、振动和抗电磁干扰试验、电源电压剧变和掉电试验等。

四、现场调试运行阶段

系统离线仿真和调试后便可将控制系统和生产过程连接在一起，进行在线现场调试和运行，最后经过签字验收，才标志着工程项目的最终完成。

尽管上述离线仿真和调试工作最终做到了天衣无缝，但现场调试和运行仍可能出现问题。

现场调试与运行阶段是一个从小到大、从易到难、从手动到自动、从简单回路到复杂回路逐步过渡的过程。此前应制定一系列调试计划、实施方案、安全措施、分工合作细则等。为了做到有把握，在线调试前还要进行下列检查。

(1)检测元件、变送器、显示仪表、调节阀等必须通过校验，保证精确度要求。作为检查，可进行一些现场校验。

(2)各种电气接线和测量导管必须经过检查，保证连接正确。例如，传感器的极性不能接反，各个传感器对号位置不能接错，各个气动导管必须畅通，特别是不能把强电接在弱电上。

(3)检查系统的干扰情况和接地情况，如果不符合要求，应采取措施。

(4)对安全防护措施也要检查。

经过检查并已安装正确后，即可进行系统的投运和参数的整定。投运时应先切入手动，等系统运行接近于设定值时再切入自动。

在现场调试过程中，往往会出现错综复杂、时隐时现的奇怪现象，一时难以找到问题的根源。此时此刻，计算机控制系统的设计者们要认真地共同分析，不要轻易地怀疑别人所做的工作，以便尽快找到问题的根源并解决。

系统运行正常后，再试运行一段时间，即可组织签字验收。验收是系统项目最终完成的标志，应由甲方主持、乙方参加，双方协同办理。验收完毕应形成验收文件存档。

第三节　控制工程的应用实例

要真正成功地完成一个工程项目，除了要讲究科学的设计方法外，还要借助于丰富的实践经验。因此，我们应当总结和学习一些成功项目的实践经验。下面分别介绍四种典型控制装置的工程应用实例。

一、水槽水位单片机控制系统

对于小型测控系统或者某些专用的智能化仪器仪表，一般可采用以单片机为核心、配以接口电路和外围设备、再编制应用程序的模式来实现。下面以一个简单的水槽水位控制系统为例。

(一)系统概述

通过水槽水位的高低变化来启停水泵，从而达到对水位的控制目的，这是一种常见的工艺控制。如图 2-2 所示，一般可在水槽内安装 3 个金属电极 A、B、C，它们分别代表水位的下下限、下限与上限。工艺要求：当水位升到上限 C 以上时，水泵应停止供水；当水位降到下限B以下时，应启动水泵供水；当水位处于下限B与上限C之间，水泵应维持原有的工作状态。

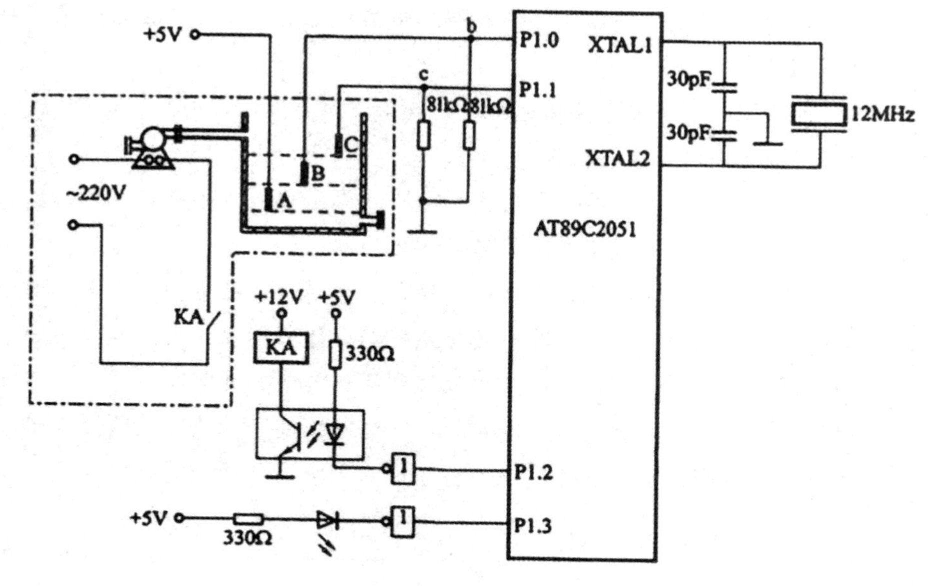

图 2-2　水槽水位控制电路

(二)硬件电路

根据工艺要求，设计的控制系统硬件电路如图2-2所示，这是一个用单片机采集水位信号并通过继电器控制水泵的小型计算机控制系统。主要组成部分的功能如下。

(1)系统核心部分：采用低档型AT89C2051单片机，用P1.0和P1.1端作为水位信号的采集输入口，用P1.2和P1.3端作为控制与报警输出口。

(2)水位测量部分：电极A接+5V电源，电极B、C各通过一个电阻与地相连。b点电平与c点电平分别接到P1.0和P1.1输入端，可以代表水位的各种状态与操作要求，共有4种组合，见表2-1所列。

表 2-1　水位信号及操作状态表

C(P1.1)	B(P1.0)	水位	操作
0	0	B点以下	水泵启动
0	1	B、C之间	维持原状

续表

C(P1.1)	B(P1.0)	水位	操作
1	0	系统故障	故障报警
1	1	C点以上	水泵停止

当水位降到下限B以下时，电极B与电极C在水面上方悬空，b点、c点呈低电平，这时应启动水泵供水，即是表中第一种组合；当水位处于下限与上限之间，由于水的导电作用，电极B连到电极A及+5V，则b点呈高电平，而电极C仍悬空，则c点为低电平，这时不论水位处于上升或下降趋势，水泵都应继续维持原有的工作状态，见表2-1中第二种组合；当水位上升达到上限时，电极B、C通过水导体连到电极A及+5V，因此b点、c点呈高电平，这时水泵应停止供水，如表2-1中第四种组合；还有第三种组合即水位达到电极C却未达到电极B，即c点为高电平而b点为低电平，这在正常情况下是不可能发生的，作为一种故障状态，在设计中还是应考虑的。

(3)控制报警部分：由P1.2端输出高电平，经反相器使光耦隔离器导通，继电器线圈KA得电，常开触点KA闭合，启动水泵运转；当P1.2端输出低电平，经反相器使光耦隔离器截止，继电器线圈J失电，常开触点断开，则使水泵停转。由P1.3端输出高电平，经反相器变为低电平，驱动一支发光二极管发光进行故障报警。

(三)程序设计

程序设计流程如图2-3所示。

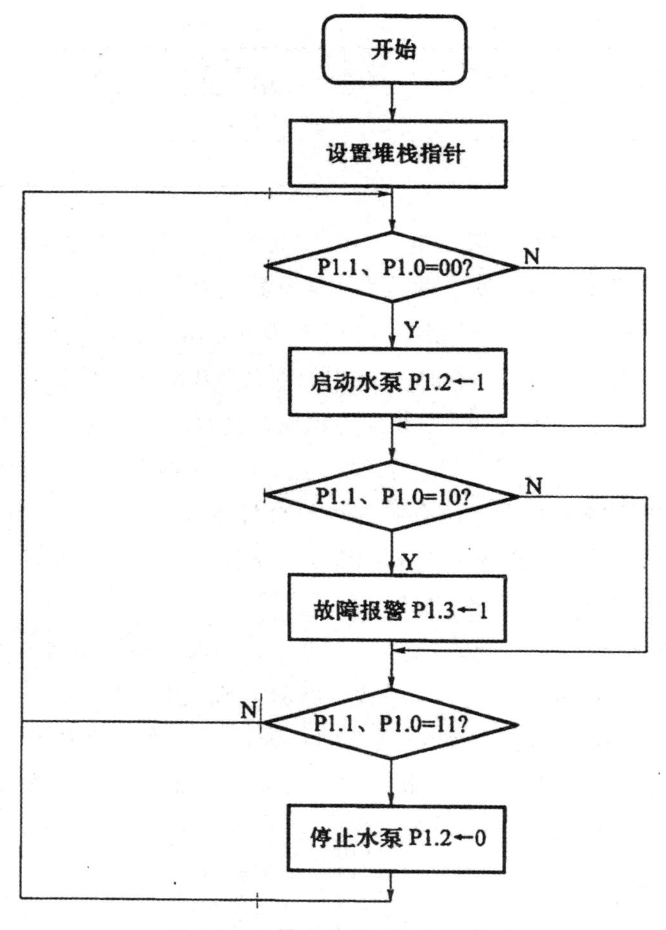

图 2-3　水槽水位控制程序流程图

二、循环水装置 IPC 控制系统

在以模拟量为主的中小规模控制条件下，应优先选择 IPC 控制装置，下面介绍用一台 STD 总线 IPC 控制循环水动态模拟试验装置的实例。

（一）系统概述

大型化工企业普遍采用冷却水循环使用技术，但循环冷却水同时带来设备的结垢与腐蚀问题，为此利用循环水动态模拟试验装置，模拟生产现场的流态水质、流速、金属材质和循环冷却水进出口温度等主要参数，来评价稳定水质的配方、阻垢效果及寻求相应的操作工艺条件。

1. 工艺流程

模拟试验装置的主要流程如图 2-4 所示，左下方水槽中的冷水经水泵、调节阀打入换热器，与蒸汽换热后，导入冷却塔与冷风换冷，喷淋而下回落到水槽，再由水泵打循环。

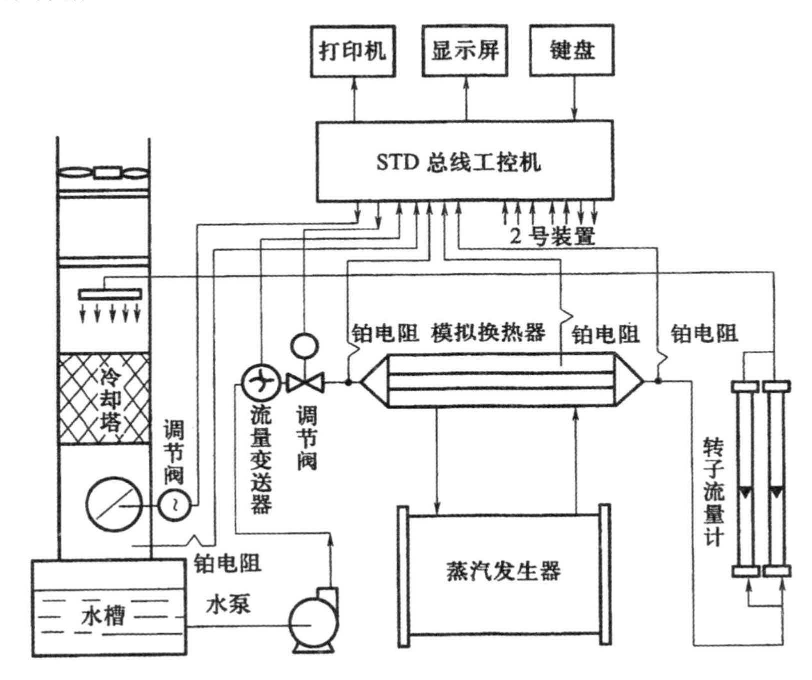

图 2-4 循环水动态模拟实验装置控制流程图

2. 控制要求

通常情形是用户配置两套这样的模拟装置同时运行，因而计算机系统应同时面向两台模拟装置，集检测、控制与管理于一体，主要完成如下功能。

(1)10 点参数检测功能。入口水温、出口水温、蒸汽温度、冷却塔底温度，共 8 路温度，量程为 0℃～100℃，检测精度为 0.2 级。两路循环水流量，量程为 200L/h～1200L/h，检测精度为 1 级。还有计算显示出入口温差、瞬时污垢热阻、水阀与风阀门开度、试验时间与剩余时间。

(2)22 个参数设定功能。换热器试管直径与长度、流量与温度的设定值、PID 控制的比例系数、积分时间、微分时间以及即时时间与试验时间。

(3)10 个参数标定功能。对 8 路温度、2 路流量进行现场标定。

(4)PID 控制功能。实时控制 2 路人口水温与 2 路循环水流量，温度控制精度：设定值±0.5℃；流量控制精度：设定值±2%FS(FS即full scale，意为满刻度或满量程)。

(5)工艺计算、列表绘图功能。根据污垢热阻计算公式计算并显示出瞬时污垢热阻，而且自动生成试验数据列表。自动绘制时间-污垢热阻曲线。

(6)其他功能指标。所有参数的采样、计算、控制周期均为0.25s，刷新显示周期为2s，试验数据记录时间间隔按工艺要求而定，数据保存时间为10年，系统内部设有软件、硬件自诊断、自恢复功能，具有永不死机的高度可靠性。

(二)硬件设计

根据上述系统功能及技术指标的要求，采用一台现成的STD总线IPC较为适宜。选用北京工业大学电子工厂的IPC产品，共由10块功能模板及外设组成，如图2-5所示。

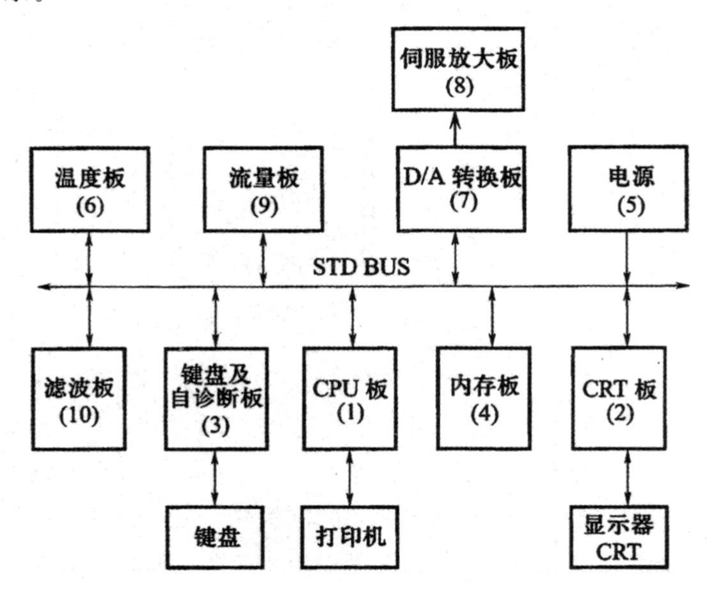

图2-5　IPC硬件组成框图

图2-5中(1)CPU板及打印机、(2)CRT板及CRT、(3)键盘及自诊断板及键盘、(4)内存板、(5)电源，构成了STD工业控制机基本系统。在自诊断板中使用了WDT看门狗技术，无论何种原因引起死机，自诊断系统能在1～2s内测出并恢复正常运行，整个计算机系统工作十分可靠。

其中(6)温度板，是一个由单片机构成的智能型温度接口板，该板本身能够完成 8 路温度的检测，滤波处理，铂电阻线性化处理。在这个板上利用软件技术从根本上克服了温度漂移问题。

其中(7)D/A 转换板是流量及温度控制的驱动接口板。计算机系统检测两路塔底温度与两路流量，与设定值进行比较，并对其偏差进行 PID 运算，其运算结果通过 D/A 转换变成模拟电压信号输出至(8)伺服放大板，从而控制相应的 4 个调节阀。

其中(8)伺服放大板，其功能相当于电动单元组合仪表中的 4 个伺服放大器，但其精度及可靠性优于常规的伺服放大器。它接收来自 D/A 转换板的 4 路阀位信号，并检测 4 个阀的实际位置，如果实际位置与 D/A 转换板输出的阀位有偏差，则使阀动作达到与 D/A 输出一致的位置后停止，从而实现计算机系统对调节阀的控制。

其中(10)滤波板，对 STD 总线的有关信号进行滤波处理，从而提高整个系统的可靠性。

其中(9)流量板，主要由计数电路组成，检测两路来自涡轮流量变送器的脉冲信号。对其实行滤波、整形、放大、光隔、计数处理，并向两个涡轮流量变送器提供+12V 电压。

(三)软件设计

该系统采用了现成的 IPC，计算机厂家已提供了监控程序或系统程序，设计者的软件设计任务主要是进行系统的应用软件编制。该应用软件主要完成以下两方面的任务。

(1)8 路温度、两路流量的采集与处理，入口温度与流量的控制，定时存储实验数据。

(2)允许操作者查看、打印各种数据，设定、标定各个参数。

由于前者任务要求适时性较强，且完成任务所需时间较短，故安排在中断服务子程序中完成。而后者属人机对话性质，任务完成时间较长，且不需严格适时性，故放于主程序中完成。

由于该控制系统小、比较简单，功能画面要求也不复杂，因而软件部分全部采用汇编语言编制。

主程序结构框图如图 2-6 所示。在初始化过程中，主要完成对 CRT、打印机工作方式的设定，4 个调节阀门初始定位及软件标志设置等。

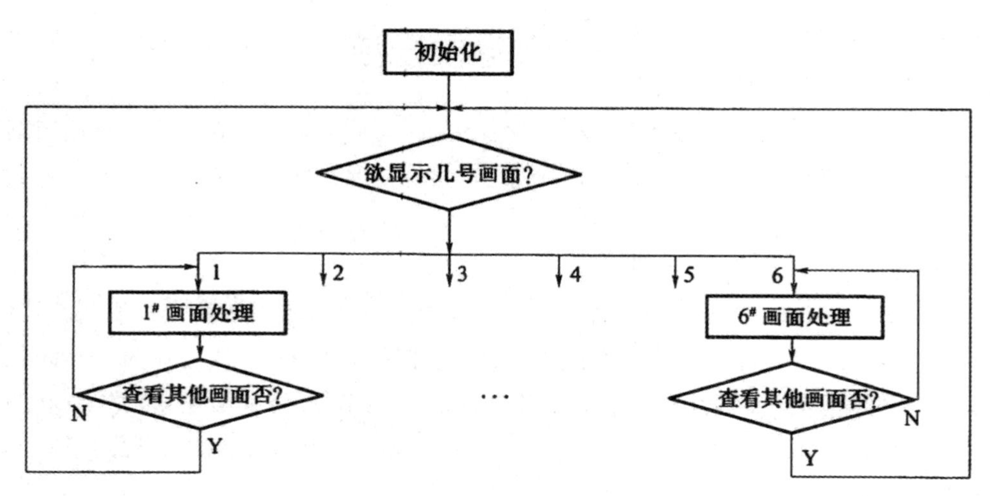

图 2-6　主程序结构框图

在每一个画面处理过程中，能够查看其他画面，同时完成本画面应完成的一些功能。

中断服务子程序如图 2-7 所示。这是一个时间中断子程序。系统设置每隔 250ms 中断一次，中断服务子程序中各个任务，应能在 250ms 内完成。每 4 次中断即时间间隔为 1s 时，刷新时钟，处理秒、分、时、日、月、年的递增，实现准确计时。每 8 次中断，即时间间隔为 28h，采集 8 路温度、2 路流量，利用软件实现滤波处理，以消除瞬间干扰的影响。控制采用传统的 PID 控制方式，实行输出速率限定，即在 2s 控制周期内，输出变化幅度不大于输出全范围的 5%。实验数据的存储，若系统在强稳过程中，则每隔 5min 记录一次，若系统在实验过程中，则每隔 120min 记录一次。实验记录数据、设定的实验条件及各参数的标定值存于系统的 EROM 存储器中，有效保存时间为 10 年。

（四）功能画面

该系统共有 6 个功能画面，汉字显示且每个画面都有提示菜单，向操作者提示操作的方式。通过对这 6 个菜单的选择操作，便可实现本计算机系统的所有功能。

这 6 个功能画面分别是参数检测画面、参数设定画面、参数标定画面、数据列表画面、热阻曲线画面和系统状态画面。

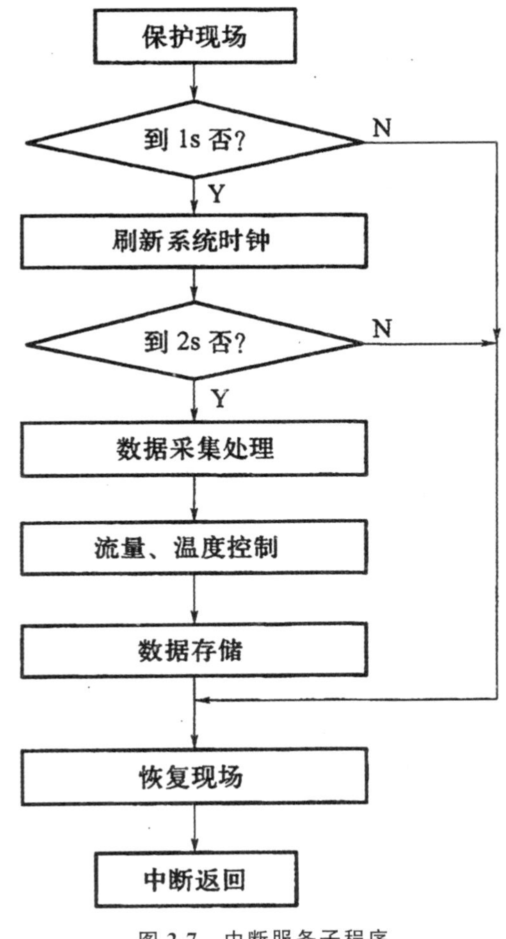

图 2-7 中断服务子程序

三、中水回用 PLC 控制系统

在以数字量为主的中小规模控制环境下，一般应首选 PLC 装置，下面介绍一个用西门子 PLC 监控中水处理流程的工程实例。

(一)系统概述

将生活污水进行几级处理，作为除饮用以外的其他生活用水，将形成一个非常宝贵的回用水资源。其中用 PLC 作为主要控制装置已成为一种共识。

1. 工艺流程

中水处理主要工艺流程如图 2-8 所示。生活污水首先通过格栅机滤除固态杂物，进入调节池缓冲，再进入生化池，利用生物接触氧化、化学絮凝和机械过滤方法使水中COD、BOD 5等几种水质指标大幅度降低，再采用活性炭和碳纤维复合吸附过滤方式，使出水达到生活使用要求。

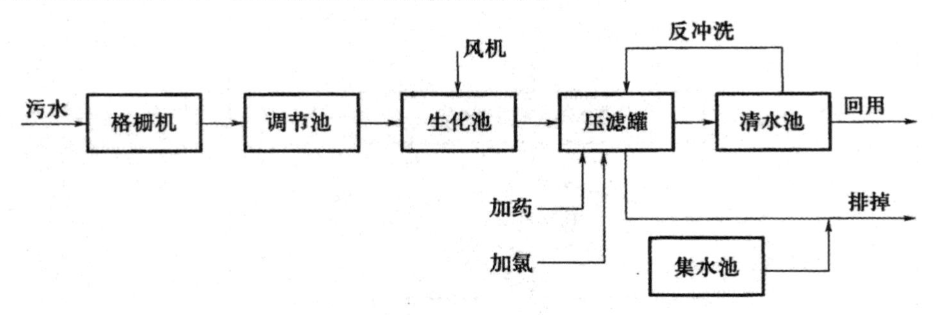

图 2-8 中水处理工艺流程图

2. 控制要求

该流程共有被控设备(含备用)14台泵和电机，4个池的水位需要检测。

水位计的作用：在任何控制方式下，水位计的上上限或下下限到位时，都将发出声光报警信号；在全自动、分组自动、半自动控制方式下，水位计的上限、下限分别作为该池排水泵自动开、停的PLC输入信号。

采用4种控制方式：手动、半自动、分组自动和全自动。

(1)手动控制方式。用手操作14个按钮开停14个被控负荷，不受水位影响。

(2)生化半自动控制方式。指生化池水位机组的半自动控制方式，也即由生化池水位的上限与下限自动控制生化泵的开、停，而加药计量泵、CLO2发生器的开、停由手动操作。

(3)分组自动控制方式。为了便于维护，整个系统分为6个独立的机组：调节池水位自动机组、生化池水位自动机组、清水池水位自动机组、集水池水位自动机组、溢流泵自动机组、罗茨风机自动机组。

控制要求：当按下分组自动按钮时，被按下按钮的灯闪亮，当选定主、备电机按钮后，分组自动按钮指示灯长亮；当水位达到上限时，电机停止而按钮指示灯转为闪亮。

(4)全自动方式控制要求。就是当全自动准备按钮启动后，首先选择主、备用电机，然后启动全自动开停按钮，则整个系统进入全自动运行状态。

（二）硬件设计

1. PLC 系统配置

根据工艺流程与控制要求，要完成 14 台被控设备的启动、停止按钮操作，运行、停止、故障状态的灯指示以及 4 种控制方式，如果采用常规的控制模式，1 台设备需 5～6 个启、停按钮及状态指示灯等器件，整个控制盘面上大约需要 90 余个按钮与指示灯。这将带来器件成本的增高、控制盘面的增大、人工操作的杂乱。本系统采用软件编程的方法，充分利用 PLC 内部的输入、输出变量及软件计数器，使 1 个带灯按钮集成了 1 台设备的全部控制与状态指示功能，加上 4 种控制方式及其切换，总计只需配置 24 个带灯按钮，分别代表 14 台被控设备与 10 种控制方式。

整个系统需要开关量输入 40 点与开关量输出 32 点。因此，选用德国 SIEMENS 的 S7-200 主机 CPU 226，有开关量 24 输入/16 输出点，数字量扩展模块 EM 223，提供开关量 16 输入/16 输出点，总计正好构成了系统要求的 40 输入/32 输出点。

2. PLC 输入、输出接线图

PLC 输入、输出接线如图 2-9 所示，输入按钮（AN）1～24 分别对应 PLC I0.0～I1.7 与 I4.0～I4.7 共计 24 个开关量输入点；4 个水位计的 16 个水位电极点分别对应 I2.0～I3.7 共计 16 个开关量输入点；PLC 输出点 Q0.0～Q0.7，Q1.0～Q1.5 分别对应于 14 台输出设备；输出点 Q1.6～Q3.7 分别对应于 8 台被控设备与 10 种控制方式的状态指示灯，共计 32 个开关量输出点；另外 6 台被控设备的运行指示灯由相应的中间继电器触点驱动。

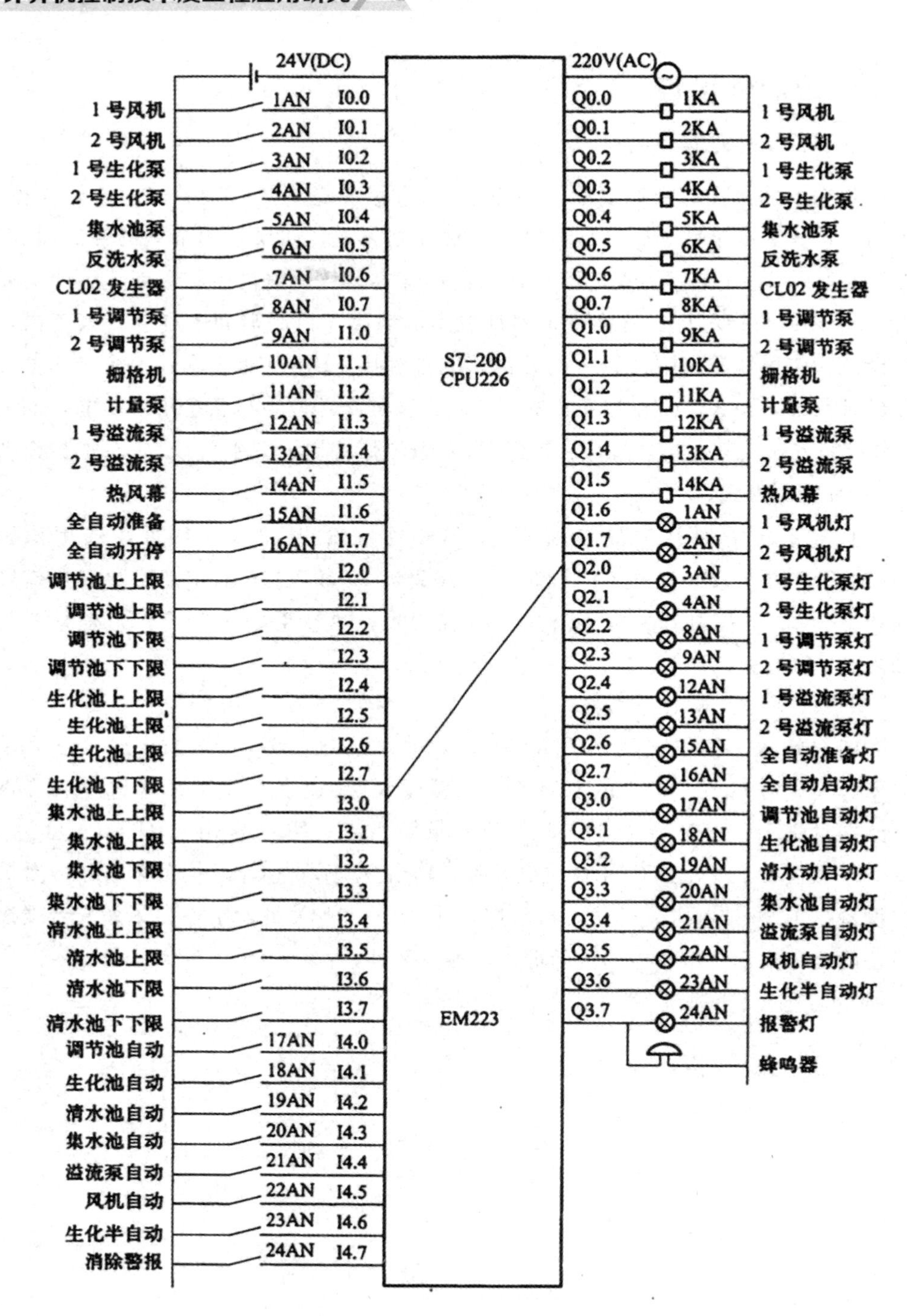

图 2-9　PLC 输入、输出接线图

3. TD200 中文显示器

与 SIEMENS 主机配套的显示器的种类有很多，而 TD 200 中文文本显示器是所有 SIMATIC S7-200 系列最简洁、价格最低的操作界面，而且连接简单，不需要独立电源，只需专用电缆连接到 S7-200CPU 的 PPI 接口上即可，如图 2-10 所示。

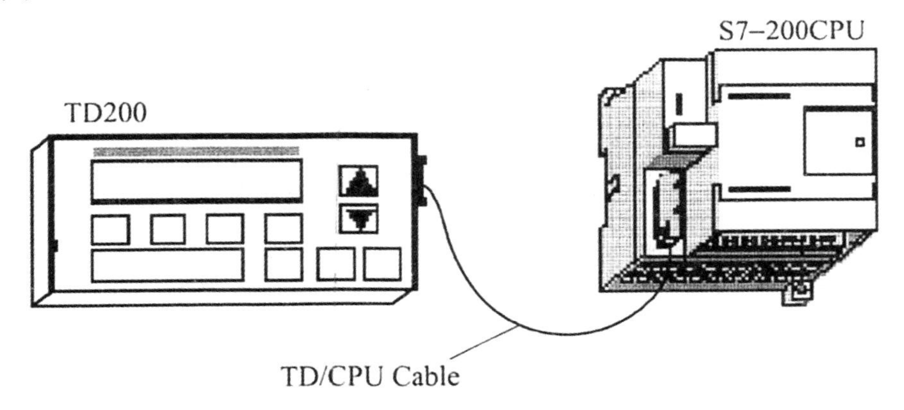

图 2-10　TD200 中文文本显示器及其连接

S7-200 系列的 CPU 中保留了一个专用区域用于与 TD 200 交换数据，TD 200 直接通过这些数据区访问 CPU。如信息显示内容“调节池水位已达上上限”，其地址应来自调节池水位计的上上限接点 I2.0 的输入响应。

（三）程序设计

1. 主程序流程图

S7-200 系列 PLC 使用基于 Windows 平台的 32 位编程软件包 STEP7-Micro/WIN，通常采用语义直观、功能强大、适合修改和维护的梯形图语言。图 2-11 给出控制系统主程序流程图，整个工艺过程分为 4 种控制方式，在全自动与分组自动方式下，首先要选择主、备用电机。

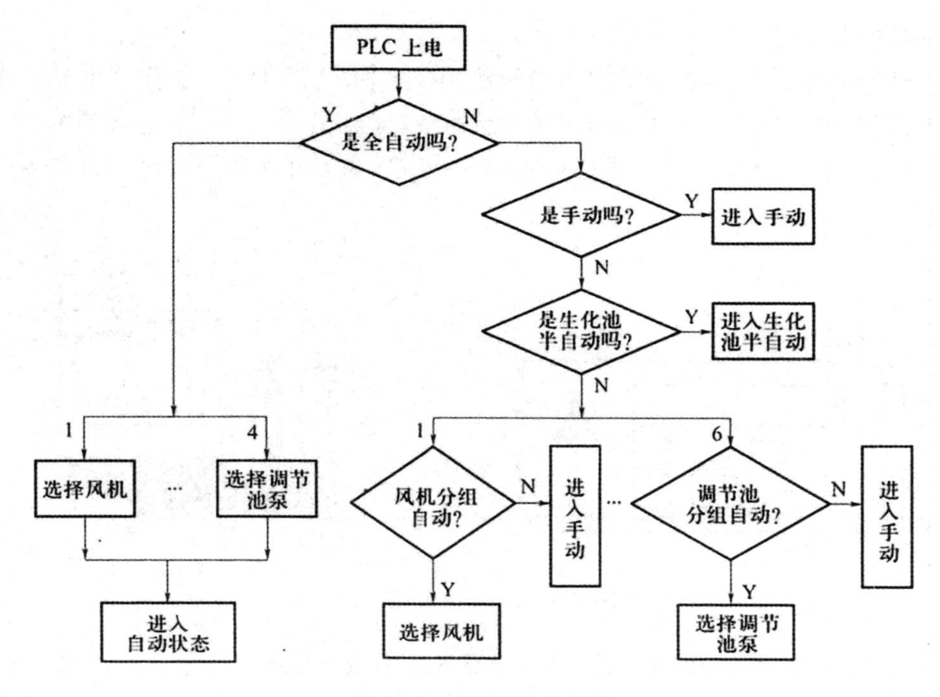

图 2-11　主要程序流程图

2. 功能按钮程序

24 个带灯按钮，分别启停 14 台被控设备与 10 种操作方式。通过软件编程，使按钮第一次按下时有效，第二次按下时失效(复位)。

本设计完成了所有的工艺要求，实现了手动控制、半自动控制、分组自动控制和全自动控制四种控制方式，而且硬件器件少，控制盘面简洁，操作简单灵活，中文界面友好。在现场经过调试后已正常运行，工作可靠稳定。

四、聚合釜温压仪表控制系统

对于仅有几个或十几个测控回路且多以模拟量信号为主的小规模系统而言，采用以智能仪表为底层、计算机为上层的两级监控系统是一种性价比较高的控制模式。下面以四个聚合釜反应流程中的温度压力测控系统为例。

（一）系统概述

在实验室中配置四个白钢聚合釜，进行相同的间歇式反应过程。每个聚合釜浸在一个电加热的油浴里，釜的上部有一个高压组阀，分别开启反应物的进入与排出。

1. 工艺流程

当反应物流入聚合釜中，开始发生化学反应并产生气体，排出口引到气相色谱仪进行在线检测气体的成分和含量。釜内的反应物介质为酸性腐蚀性气体，且产生很高的压力。

2. 测控要求

工艺要求聚合釜内的温度应能控制，常态在200℃±5℃，釜内压力需要检测显示，最高可达10MPa。要求计算机显示屏上能实时显示、记录4个釜中的4点温度与压力的数据变化，而且显示记录参数的时间周期可以在秒、分、时之间任意调整。电加热器的功率为1000W、220V(AC)。

(二)总体方案

该例采用底层测控，上层监视的上、下两层控制方案。因为整个系统只有4个温度控制回路和4个压力检测参数，且温度、压力传感器的输出信号均是模拟量信号，所以底层测控装置采用智能型数字仪表，同时通过RS-485现场总线连接到上位机，以实现计算机的数据采集、信号处理、数据列表、操作显示，以及人机对话等多个任务。

(三)硬件设计

根据控制方案，要完成的工程任务有工艺控制流程图设计、测量传感器选型、显示控制仪表选型、控制柜及其系统配线等。

1. 工艺控制流程图设计

在工艺流程图的基础上，设计出如图2-12所示的聚合釜温压测控系统的工艺控制流程图，共有4套温度控制系统与4路压力检测系统。

4套温度控制系统完全相同，聚合釜温度由热电偶传感器(TE-01/02/03/04)检测送出，当釜内温度与设定温度有偏差时，通过温度控制仪表(TC-01/02/03/04)输出，驱动固态继电器，并按时间比例控制电加热器的通断，以调节油浴温度使釜内温度恒定。

4路压力检测系统，由4台压力传感器(PE-01/02/03/04)与1台巡回检测仪表(PI-05-1/2/3/4)组成，分别检测4个聚合釜的压力参数。

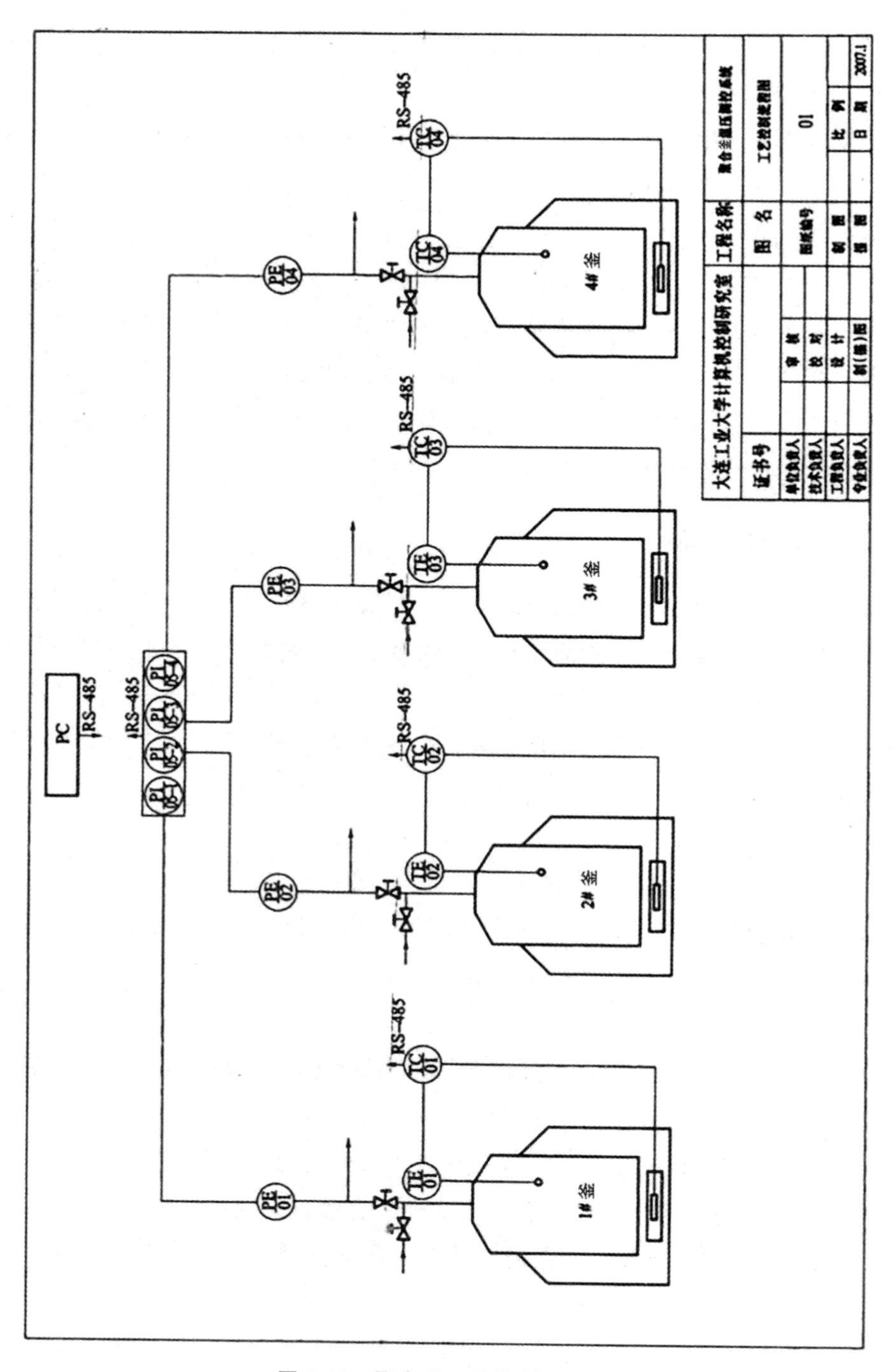

图 2-12　聚合釜工艺控制流程图

上述 4 台温度控制仪表与 1 台压力巡回检测仪均通过各自的通信接口，经由 RS-485 总线把温度、压力测量参数传送到上位机中进行集中显示。

2. 测量传感器选型

测量传感器的选型主要依据所测介质的物化特性、介质环境条件及工艺要求，在满足使用要求与测量精度的条件下，还要注意价格成本。

(1)温度传感器。聚合釜内反应物的温度在 0℃～300℃范围内，由于聚合釜在釜顶部已预设了直径仅为 φ 2.0mm 的传感器套管，且整个实验室的其他测温元件全部采用分度号为 E 型的铠装热电偶，所以该例选 WREK-191E 型铠装热电偶(热电势较大，中低温段稳定性好、价廉)，规格为 φ 1.5mm×100mm×3000mm。

(2)压力传感器。聚合釜内的反应物介质为酸性腐蚀性气体，釜内气体压力最高可达 10MPa，而温度在 200℃上下，因而必须选择耐酸性腐蚀、耐高温、耐高压的接触式压力传感器。

该例选定离子束薄膜压力传感器，型号为 TQ-551，量程为 0～16MPa，工作电压为 24V，输出电流为 4～20mA，精度为 0.1，适应于－40℃～＋400℃的温度环境，而且具有高稳定性、抗震动冲击、耐腐蚀的全不锈钢结构。

3. 温度显示控制仪选型

该例选用 4 台厦门宇光电子公司的 AI 人工智能工业调节器/温度控制器，型号为 AI-708/A/G/S，具备位式调节和 AI 人工智能调节功能，面板尺寸为 96mm×96mm，配有固态继电器驱动电压输出模块，装有光电隔离的 RS-485 通信接口，供电电源为 85～265V(AC)。每台仪表可构成一个温度检测控制显示回路。

4. 压力巡回检测仪表选型

该例同样选用厦门宇光电子公司的 AI 系列仪表，型号为 AI-704M/A/J5/J5/S4，是一台 1～4 路显示报警仪，面板尺寸同为 96mm×96mm，具备 4 路二线制变送器输入模块，且内部自带 24V 馈电电源，装有自带隔离电源的隔离 RS-485 通信接口模块，供电电源为 85～265V(AC)。一台仪表可同时测量 4 路压力传感器送来的电流信号，并具备输入数字校正及数字滤波功能。

5. 测控系统及仪表盘设计

整个测控系统图如图 2-13 所示，4 块温度控制器的配线完全一样，其输入端②③接热电偶的负、正端，输出端⑤⑦分别接固态继电器的直流输入负、正端，通信接口端⑰⑱分别相串后接至 RS-485 总线的 B、A 线上；一块压力巡检仪的输入端⑰与⑲、⑰与⑱、⑭与⑯、⑭与⑮分别接到 4 块压力传感器的负、正端，

通信接口端④③接至 RS-485 总线的 B、A 线上；RS-485 总线经 RS-485/232 转换器接入上位计算机中。

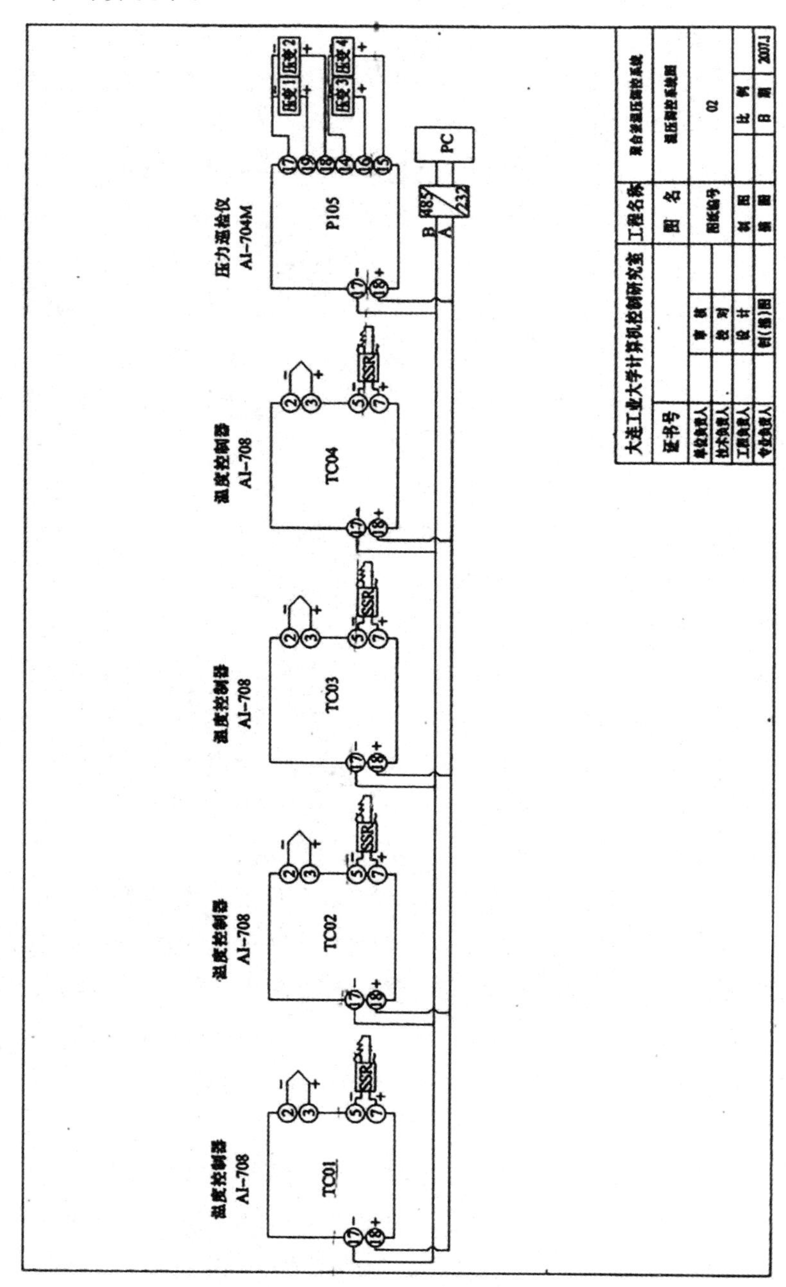

图 2-13　温压测控系统图

另外，还有实验台仪表正面布置图及其相应的实验台仪表背面接线图和自控设备表等。

（四）软件设计

在上位机软件设计中，目前常用可视化组态软件、Visual Basic（VB）、Visual C＋＋（VC＋＋）等面向多种对象的编程工具。组态软件由于具备强大的图形处理、信息处理、通信、数学运算、数据采集、数据处理和数据存储等功能，特别适合于映射工业对象动作和各种特性的图形显示和动画处理，也具备较强的控制功能。

该例采用亚控公司的组态王软件进行编程。组态王具有实时多任务、使用灵活、运行可靠等特点。其中，最突出的特点是它的实时多任务性，可以在一台计算机上同时完成数据采集、信号数据处理、数据图形显示，可以实现人机对话，实时数据的存储、历史数据的查询、实时通信等多个任务。

组态王软件包由工程浏览器（TouchExplorer）、工程管理器（ProjManager）、画面运行系统（TouchView）三部分组成。其中，在工程浏览器中可以查看工程的各个组成部分，也可以完成数据库的构造、定义外部设备等工作；工程管理器内嵌画面管理系统，用于新工程的创建和已有工程的管理。画面的开发和运行由工程浏览器调用画面制作系统和工程运行系统来完成。

按照工艺要求，设计者为用户主要设计了聚合釜数据采集系统主画面、参数趋势曲线界面和参数数据报表界面等。图 2-14 给出了一幅聚合釜数据采集系统的主画面。

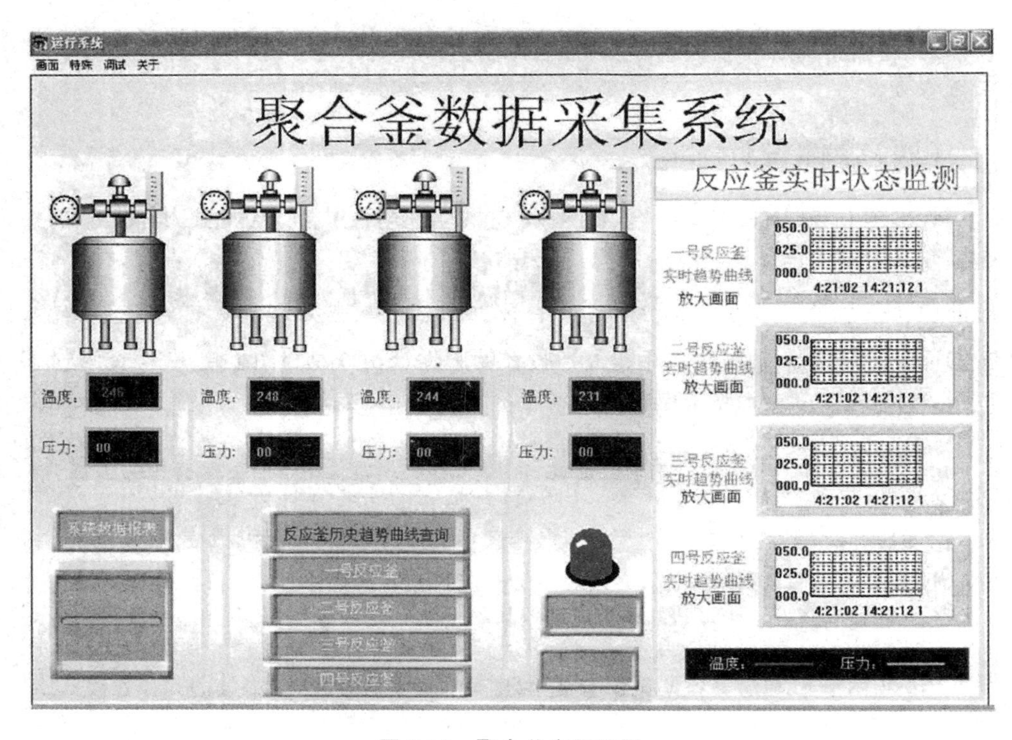

图 2-14 聚合釜主画面图

五、基于 PLC 与 IPC 的锅炉综合控制系统

锅炉是工业生产过程中的重要动力设备，锅炉控制不仅涉及温度、压力等五大过程变量，而且也运用了串级、前馈等各种复杂的控制方案，因而它在自动控制领域中颇为经典。下面以大连某大学燃煤供热锅炉为例，介绍以 PLC 为下位机(辅以仪表)、IPC 为上位机的一种综合分散型控制系统。

(一)系统概述

众所周知，锅炉是对冷水加热使其转变为合格蒸汽或热水的设备，这个过程消耗大量的燃煤或燃油并造成严重的烟尘污染。采用计算机控制系统可以完成锅炉整个生产过程的数据采集及各控制回路的闭环控制，实现锅炉的优化燃烧，减少污染，从而达到节能减排的目的。

1. 对象简介

锅炉房配备 2 台 10t/h 热水锅炉、1 台 20t/h 热水锅炉和 1 台 6t/h 蒸汽锅炉，均为链条炉。

其中，蒸汽锅炉用于浴池、食堂、中央空调等供汽，必要时增加汽水换热装置用于补充供热。3 台热水锅炉用于全院教学区、宿舍区和家属区的供暖。由于校园分布面积较广，地势高低不平，为解决采用单一回路供热产生的供热不均、管网不平衡等问题，在设计中将全部供暖面积按地势及所处地理位置划分成 5 个独立的供热区域，分别为高区教学区、低区教学区、高区生活区、低区生活区和综合实验区，每个区域设置一个换热站，配 2 台板式水-水换热器实现各个区域的独立供热。这样，3 台热水锅炉作为供热系统的一次网循环，5 个换热站作为二次循环，实现整个校园的供热任务。

4 台锅炉的鼓风、引风以及一次、二次网循环泵均采用变频调速器进行控制。

2. 控制任务

计算机控制系统的任务是实现 1 台蒸汽锅炉、3 台热水锅炉和 5 个换热站的监视和控制，具体如下。

蒸汽锅炉的控制回路包括汽包水位(给水系统)控制、蒸汽压力(炉排转速)控制、鼓风(风煤比)控制、炉膛负压(引风)控制。

热水锅炉的控制回路包括出水温度(炉排转速)控制、鼓风(风煤比)控制、炉膛负压(引风)控制。

一次循环系统的控制回路包括循环压力(循环水泵)控制、补水压力控制。

二次换热站的控制回路包括循环压力(循环水泵)控制、二次网出水温度控制、补水压力控制。

其中，蒸汽锅炉测量点有汽包水位等 20 个、热水锅炉测量点 19 个、换热站及公共部分测量点 40 个。

(二)总体方案

锅炉控制系统目前所采用的方案大致有 IPC、DCS、FCS 等几种。该例借鉴了 DCS 结构上的优点，采用具有高可靠性的 PLC 作为现场控制单元，IPC 作为操作站，利用组态软件实现系统的人机界面，采用现场总线技术实现现场单元与操作站的连接，使系统既具有 DCS 分散控制、集中管理的优点，同时又具有通用、开放、易维护和成本低廉等诸多优点，PLC 与操作站之间采用现场总线通信使系统又带有 FCS 的性质。因此，该例吸收了 DCS、PLC 与 FCS 的各方优点，采用 IPC＋组态软件＋PLC 构成的分散型控制系统方案，其系统结构由管理层、监控层和现场控制层 3 个层次构成，如图 2-15 所示。

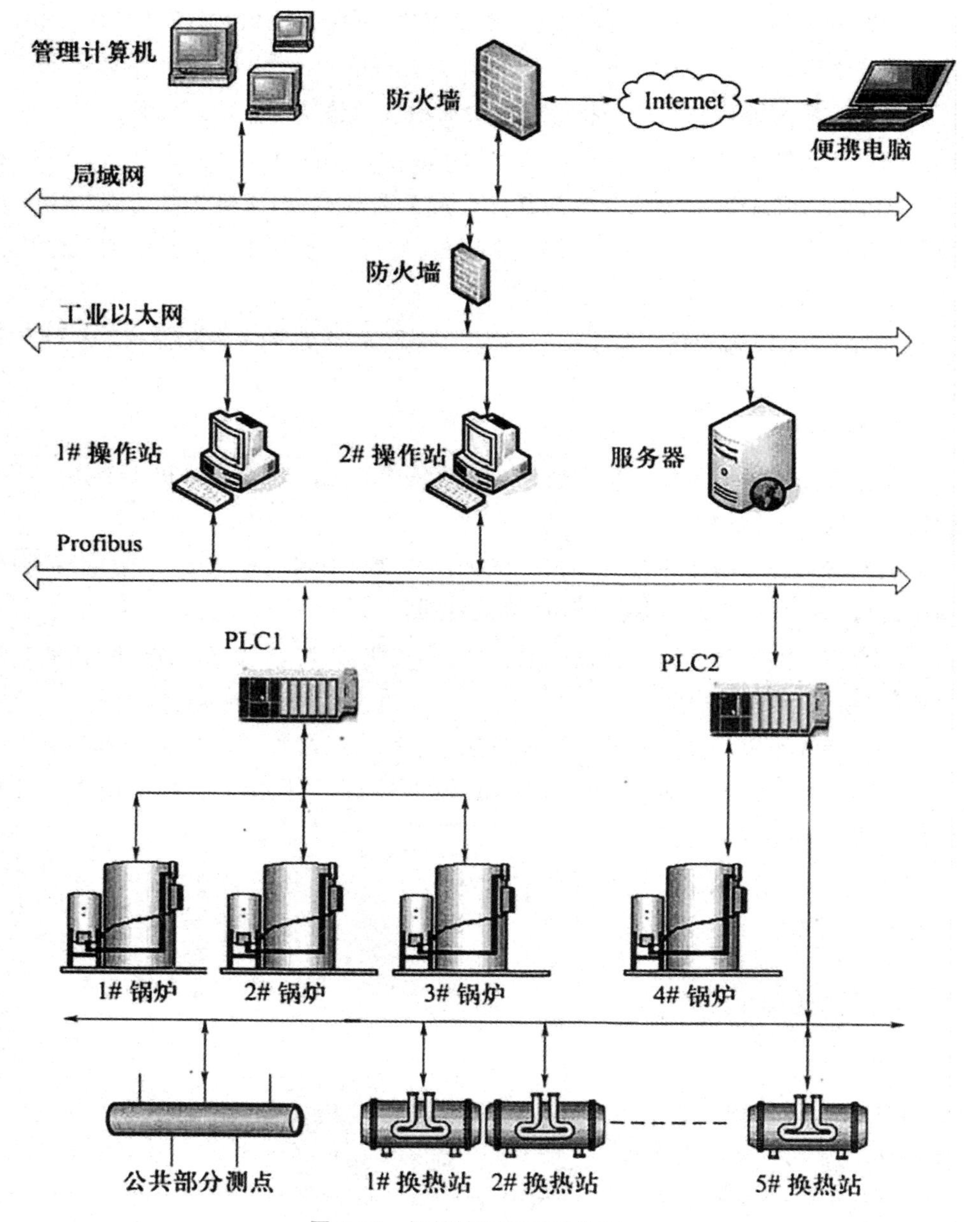

图 2-15　锅炉控制系统结构图

管理层主要由管理计算机、远程访问终端构成，安装于管理人员房间，利于管理人员对锅炉运行实现远程监督和调度。它主要通过企业或校园局域网网络接口访问锅炉运行数据，要通过管理计算机访问锅炉运行数据需要通过特殊授权、输入授权密码才能进行。

监控层由操作站、工程师站(图中的1＃、2＃操作站)等构成，监控层位于锅炉控制室，网络采用以太网，这一层主要完成锅炉系统流程画面显示，运行数据监视和报警，实时趋势和历史趋势，数据存储和打印，对鼓引风、炉排、循环泵进行操作控制等监视、操作、控制功能。系统还可以支持Web浏览功能，可以通过因特网查看锅炉运行情况。

现场控制层由现场控制站即两台西门子S7-300系列PLC构成，操作站和现场控制站之间采用现场总线Profibus构成网络系统，PLC采集的数据经此现场网络传送到操作站进行显示和存储处理，操作人员可在操作站对锅炉进行操作和控制，其控制指令通过此现场网络发送给相应的PLC，由PLC执行相应的指令完成对锅炉的控制输出。

(三)硬件构成

1. 操作站

两台操作站均选用研华公司生产的Pentium 4工控机，并配置10/100MHz以太网卡和支持Profibus、MPI、PPI等总线方式的5611通信卡。

2. 现场控制站

(1)1＃控制站。PLC 1控制1＃、2＃和3＃热水锅炉，每台炉有模拟量输入18个、模拟量输出4个，另需要4个控制回路的手动/自动状态的开关量输入4个、连锁输出和报警输出各需要1个开关量输出点。

(2)2＃控制站。PLC 2负责4＃蒸汽锅炉、公共部分和5个换热站的控制与监测任务，其中公共部分包括一次网、二次网的供水、出水参数监视及循环泵、补水泵控制，5个换热站主要监视其供水、回水的参数和循环泵、补水泵控制。共有模拟量输入50点、模拟量输出17点、开关量输入17点、开关量输出6点。

(3)操作台与仪表。除采用计算机系统外，还设置了一定数量的显示仪表和手动操作装置，以便在计算机系统出现故障时及时转到手动操作，保证了系统具有更高的操作性和可靠性。如图2-16所示，操作台上安装有计算机、显示仪表、手操器及变频器的启动/停止按钮等。

图 2-16　系统操作台

数字显示仪表全部采用 XMT 系列数显表，该系列数显仪表接受 4～20mA (DC)或 1～5V(DC)信号，具有 3 位半 LED 显示，可现场设定输入信号类型及标度变换参数，并具有参数越限报警功能，显示稳定可靠。手操器采用 XMT 系列操作控制仪表，具有手动/自动的切换功能，有两个输入信号和两个输出信号，分别与变频器、PLC 相连，信号采用 4～20mA 的电流信号传输，其配线如图 2-17 所示。

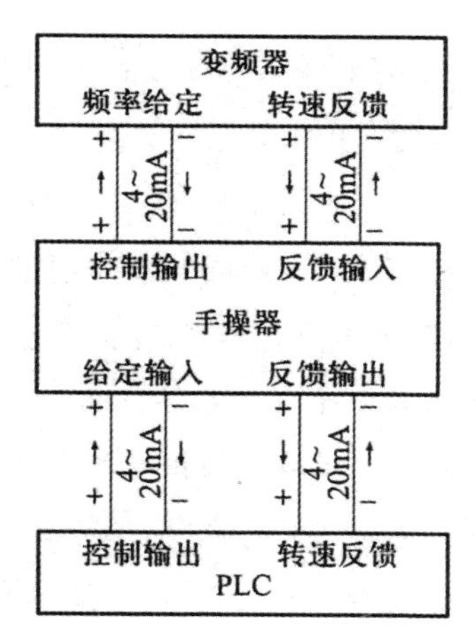

图 2-17　手操器配线示意图

现场变送器全部采用 2 线制变送器，每个变送器配置一台配电器，配电器为变送器提供 24V 直流电源，变送器通过电源线传送 4～20mA 信号到配电器，配电器隔离后产生与输入信号相同的两路 4～20mA 电流输出信号，其中一路信号送至 PLC 供采集，另一路信号则可提供给数显仪表。其接线如图 2-18 所示。

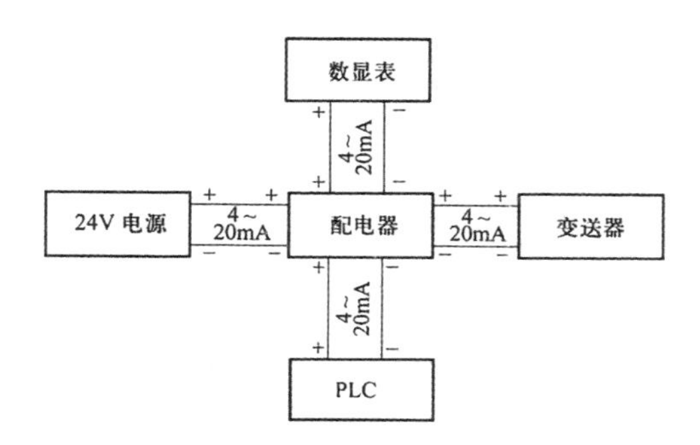

图 2-18　变送器、PLC 及仪表接线示意图

(4)变频器。整个系统共有 4 台锅炉、5 个换热站，需配变频器的设备有鼓风机 4 台、引风机 4 台、给水泵 1 台以及一次网循环泵 3 台、二次网循环泵 10 台，共计 22 台变频器，全部选用美国罗克韦尔公司(原美国 AB 公司)的风机、泵类专用变频器 Power Flex 400 系列。

现以一次网循环泵为例，变频器主电路原理图如图 2-19 所示，QS1 为断路器，KM1 为接触器的主触点，BP1 为变频器，MA1 为电机，TA1 为电流互感器，PA1 为电流表。变频器上电并启动后，通过改变速度给定值就可以改变其输出频率，实现对风机、循环水泵的无级调速。

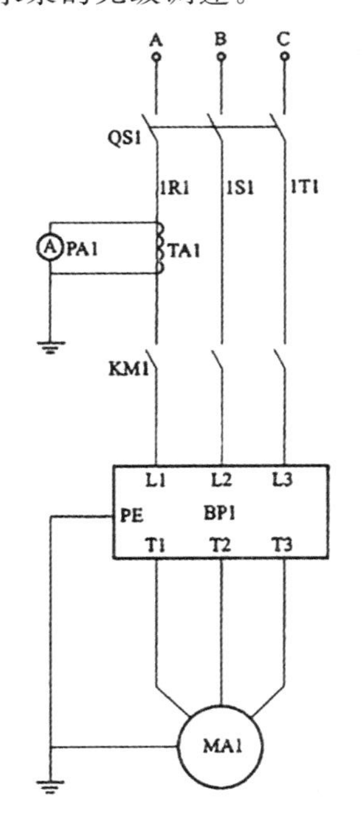

图 2-19　变频器主电路原理图

(四)控制策略

现场控制站的 PLC 主要承担数据采集、数据处理、参数越限报警、连锁保护和闭环控制等任务。

1. 数据采集与处理

PLC 负责锅炉的所有重要工艺参数的数据采集工作，并对采集到的数据进行数字滤波，量纲标度变换，热电阻、热电偶的线性化等处理工作，同时还要对流量信号进行开方运算、温度压力补偿以及流量累积计算等。PLC 还通过间接测量的方法对锅炉给煤量进行计算，从而得到单台炉的耗煤量统计数据。

2. 汽包水位控制

汽包水位控制回路的主被控量是汽包水位，操纵量是给水流量，主要扰动量是蒸汽流量，同时锅炉水位还受锅炉蒸汽流量突然变化时引起的虚假水位影响。因此，汽包水位回路采用串级加前馈构成的三冲量控制策略。

3. 蒸汽压力控制

锅炉气压回路的被控量是蒸汽压力，主要扰动量是蒸汽负荷的改变，其主要调节量是给煤量，同时送风量大小对燃烧也有较大影响。系统采用智能 PID 算法对气压控制回路进行控制，同时引入蒸汽流量作为前馈量以快速消除负荷扰动。

4. 锅炉鼓风控制

锅炉鼓风提供炉膛内煤燃烧时所需的氧气，鼓风量应与给煤量成一定的比例，即维持一定的风/煤配比以实现经济燃烧。由于不同煤质、煤种以及其他条件使得风/煤配比经常变化，因此系统中考虑了风/煤配比的自动寻优算法，根据锅炉燃烧状况以及锅炉热效率等指标，自动调整最佳风/煤配比曲线，使锅炉燃烧在不同的工况条件下均能保持最佳燃烧状态。

5. 炉膛负压控制

燃煤锅炉要求运行时炉膛内保持微负压，以防止飞灰和烟尘外逸，但负压不能过大，否则会使炉膛中的大量热量被排烟带走。炉膛负压的主要扰动量是鼓风量的改变，调整量为引风量。取鼓风量作为负压控制回路的前馈量可以使炉膛负压快速消除鼓风变化扰动，保持稳定。

6. 出水温度控制

锅炉出水温度控制回路的被控量是出水温度，其主要操纵量是给煤量，同时送风量大小对燃烧也有较大影响以至于对出水温度回路造成扰动。另外，为最大限度地节约成本、减少煤耗，还要根据不同情况调整供热策略，即锅炉出水温度的设定曲线是一条与室外温度和昼夜时间都相关的函数。

7. 安全保护

系统具有完善的针对热水锅炉和蒸汽锅炉运行的安全保护功能，在出现异常情况时，系统根据故障的级别，自动进行不同级别的保护动作，直至停炉，包括蒸汽锅炉极限水位和极限压力的停炉保护、热水锅炉出水温度及出水压力超限的停炉保护、循环泵故障的停炉保护及循环泵与锅炉运行的连锁保护、管网超压泄压保护等。

（五）PLC 软件设计

PLC 控制程序是整个系统的核心，它关系整个控制系统的安全、稳定与正常运行。系统的主程序流程如图 2-20 所示。

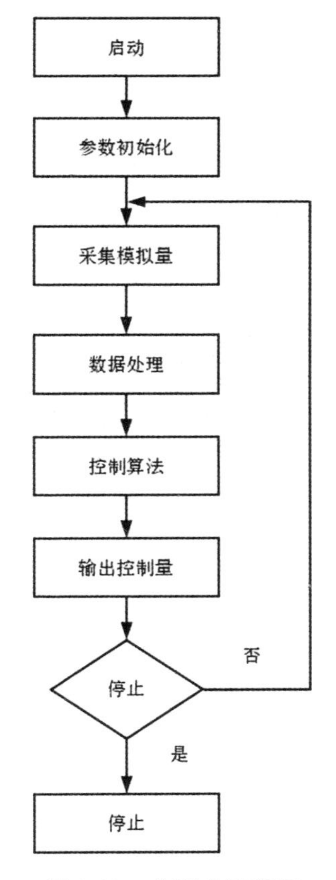

图 2-20　主程序流程图

系统启动后，首先分别调用子程序对 PID 运算块、定时器等进行初始化；然后以一定的采样周期对模拟量进行采集，将采集到的模拟量进行数字滤波；将滤波后的数据结果进行处理，转换成实际的物理量和 PID 模块的标准值；然后进行 PID 控制算法的运算；将 PID 运算结果转换成标准的控制信号，送到模拟量输出模块，控制执行机构的动作；该控制周期结束后，继续下一周期的数据采集、处理与控制。

整个控制系统采用结构化编程，将控制任务分解为能够反映某种过程工艺的功能(FC)或功能块(FB)，程序运行时所需的大量数据和变量存储在数据块(DB)中。某些程序块可以用来实现相同或相似的功能，这些程序块是相对独立的，它们被组织块(OB)或别的程序块调用。组织块通过调用它们来完成整个自动化任务。程序块可以嵌套，最多可嵌套 8 级。系统软件中所用到的程序块、功能块、功能和数据块以及它们之间的调用关系如图 2-21 所示。

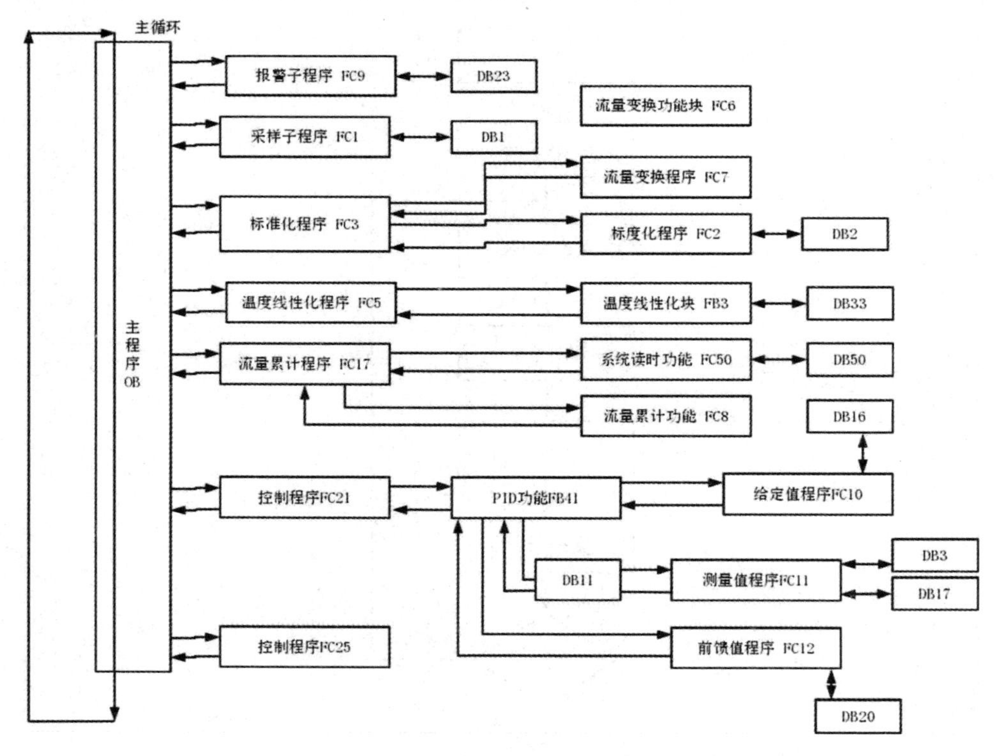

图 2-21 主程序块调用结构

（六）操作站软件设计

系统上位机由两个操作站构成，两个操作站具有同样的功能并互为备用。操作站软件采用西门子 WinCC 6.0 设计。系统画面包括锅炉系统流程图、分系统流程图、换热站流程图等，可以形象动态地显示整个锅炉系统的工艺过程，另外还设计有总貌画面、报警显示画面、棒图显示画面、报表打印画面、实时趋势、历史趋势画面和系统自检画面等，以实现锅炉和供暖系统的监视控制功能。

图 2-22 仅给出一幅四号炉的主流程画面，它将现场控制站采集的四号炉现场数据及工艺参数显示在流程图的相应设备位置上，通过动画直观地显示锅炉运行状态及各种实时数据。操作人员可根据此画面了解整个锅炉系统的运行情况，并可以利用鼠标对阀门、电机转速等对象进行控制。

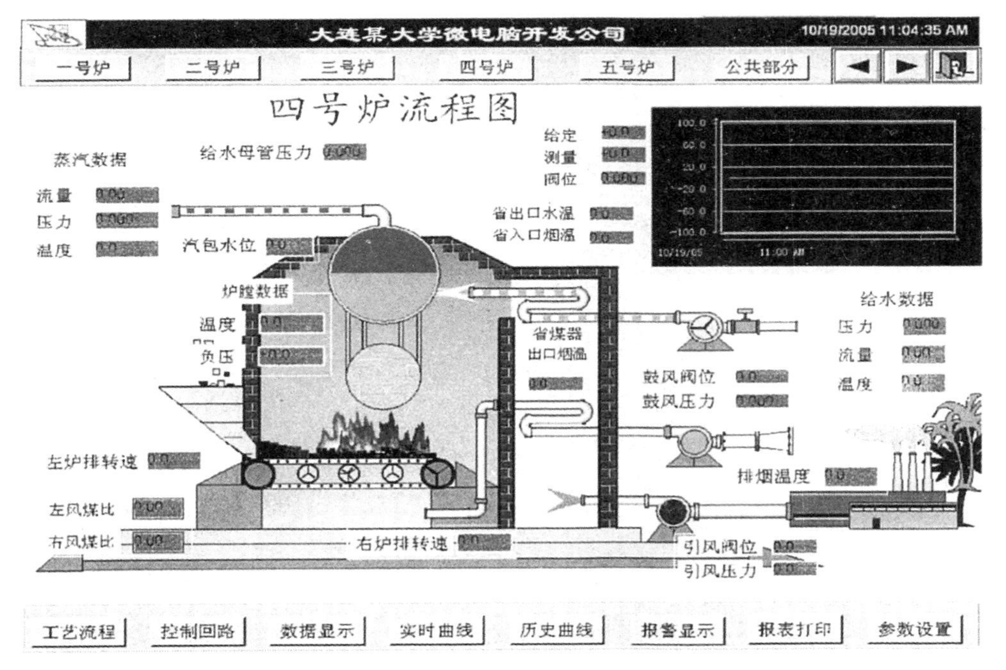

图 2-22 四号炉主流程画面

第三章

数字控制器的设计

数字控制系统又称为计算机控制系统，它是在自动控制技术和计算机技术高速发展的基础上产生的。20 世纪 50 年代中期，经典控制理论已经发展得十分成熟，而且在很多工程技术领域中得到成功应用。模拟式或称为连续时间自动控制系统发展已经十分完善，目前它仍然在工业生产中占据很重要的地位。虽然这种连续控制系统对单输入单输出系统很有效，且对较为复杂的多输入多输出的参数相互耦合的系统也曾起过积极作用，但是，随着科学技术的发展，连续控制系统在控制算法的实现，系统的优化、稳定性、可靠性和控制精度等方面越来越不能满足更高的要求，限制了它的进一步发展。现代控制理论的形成与发展为多输入-多输出和复杂控制系统的分析、设计与实现提供了坚实的理论基础，而计算机技术的迅猛发展为新型控制算法的实现提供了有效的手段，两者的结合极大地推动了数字控制系统的发展。

第一节　数字控制系统概述

计算机在工业控制中主要有两个方面的作用：一方面，对复杂控制系统进行数字仿真和科学计算；另一方面，计算机作为控制系统中的重要组成部分，完成各种控制任务。如图 3-1 所示的一个连续时间闭环控制系统的工作原理是，通过检测装置对被控对象的被控参数(温度、压力、流量、速度、位移等)进行测量，再由变换发送装置将被测参数变换成电信号，同时反馈给控制器。控制器将反馈回来的信号与给定信号进行比较求得误差，控制器按照某种控制算法对误差进行计算，并产生控制信号驱动执行机构工作，从而使被控参数的值达到期望值或者与给定值一致。综上所述，自动控制系统的主要工作是完成信号的传递、加工、比较和控制。

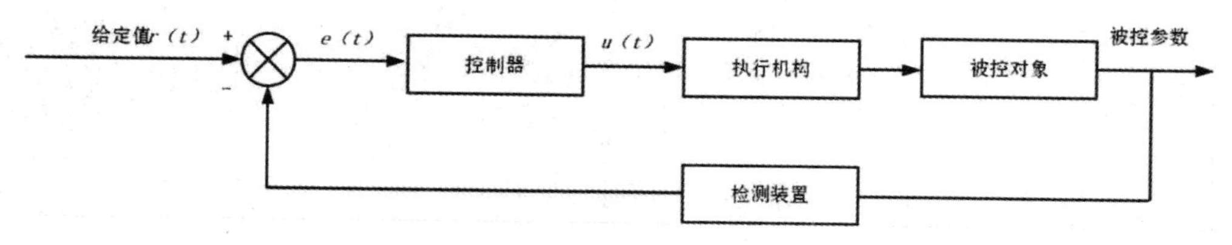

图 3-1　连续时间控制系统的典型结构

这些功能是由检测装置、变换发送装置、控制器和执行机构来实现的。其中控制器是控制系统中的核心，它对控制系统的控制性能和应用范围起着决定性作用。

当将连续控制系统中的控制器的功能用计算机或数字控制装置来实现时，便构成了数字控制系统，又称计算机控制系统，其基本框图如图 3-2 所示。

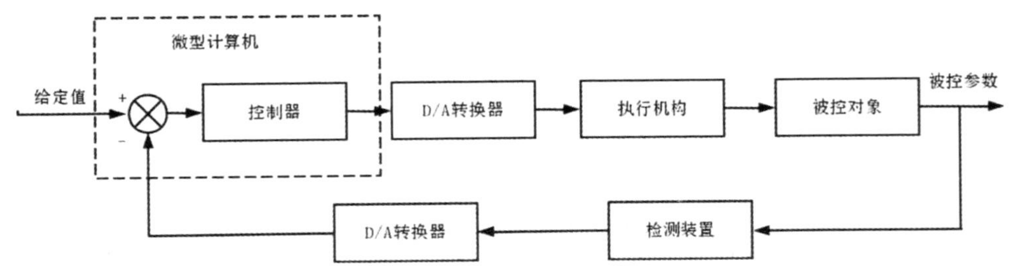

图 3-2　数字控制系统基本框图

在数字控制系统中，计算机的输入和输出信号都是数字量，而在图 3-2 的数字控制系统中，控制器的输入和输出信号都是数字信号，而被控对象的被控参数和执行机构的输入信号一般都是模拟信号，因此，需要有将模拟信号转换为数字信号的模数转换器(A/D 转换器)和将数字信号转换为模拟信号的数模转换器(D/A 转换器)，这样这个数字信号和模拟信号混合的系统才能协调工作。

数字控制系统的数学模型如图 3-3 所示，其最大的特征就是采样，以及在数字模块和模拟模块之间必须加入保持器，且一般采用零阶保持器，它的功能一般是由 D/A 转换器来实现。

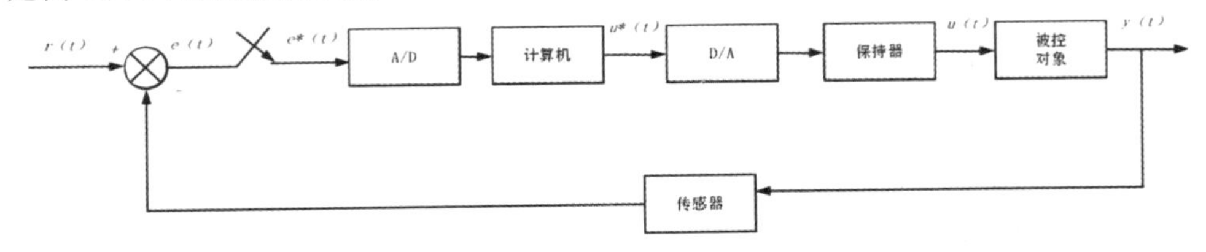

图 3-3　数字控制系统的数学模型

多输入-多输出数字控制系统如图 3-4 所示，其中，模拟模块是由状态空间给出。

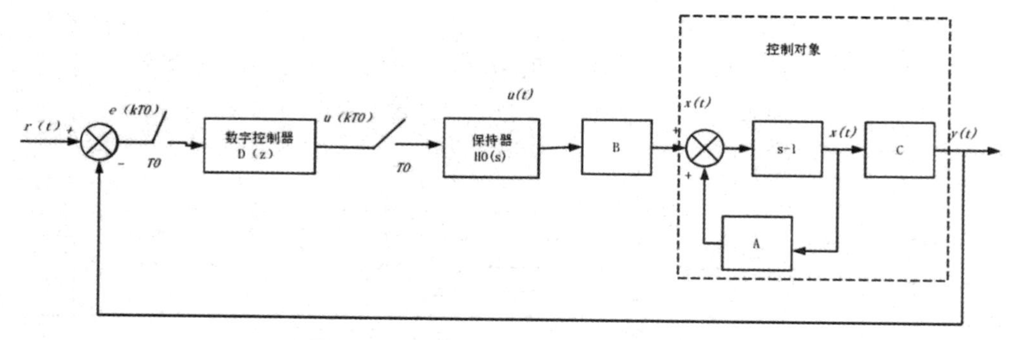

图 3-4　多输入-多输出计算机控制系统

数字控制系统的主要作用如下。

(1)信息处理：对于复杂控制系统，输入信号和根据控制算法要求对误差进行计算时的计算量很大，采用模拟解算装置达不到所需精度，需要计算机处理。

(2)实时控制：计算机控制系统是通过软件程序来实现系统控制的，并不断地对系统进行校正以达到所需的动态特性。

(3)复杂计算：计算机具有快速实现复杂计算的功能，因而可以实现系统的最优控制、自适应控制等高级控制功能和多功能计算调节。

数字控制系统的控制过程可分为三步。

(1)实时数据采集：对被控对象的被控参数进行实时检测，同时传送给计算机进行处理。

(2)实时决策：对采集到的被控参数的状态量进行分析，并按照某种控制算法计算出控制量，决定下一步的控制过程。

(3)实时控制：根据决策实时地向执行器发出控制信号。

“实时”是指信号的输入、计算、输出都要在采样间隔内完成。计算机控制系统的这种控制作用不断地重复，使得整个系统能够按照一定的动态品质指标进行工作，并且使整个控制系统达到所需要的性能指标；同时对被控参数和设备本身所出现的异常状态能够及时地进行监测和处理。其控制算法流程如图 3-5 所示。

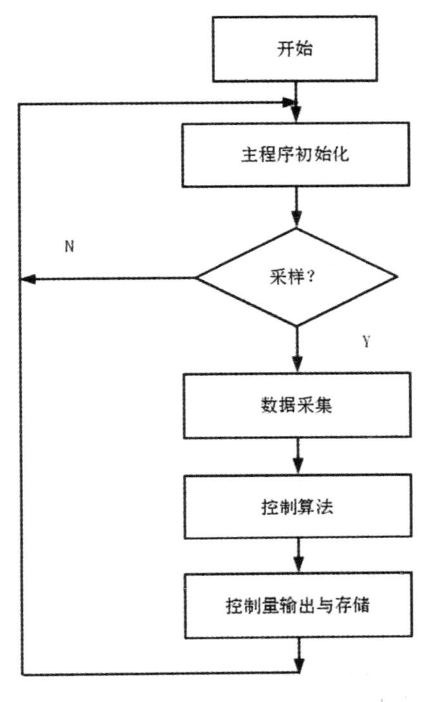

图 3-5　数字控制流程图

第二节　数字控制器的结构和参数的同步优化设计

传统的直接数字控制器(DDC)设计方法大都属于分析法，当非线性因素存在时，方法的应用难度较大。重要原因是系统性能指标与控制器结构和参数的数学关系式难以建立；求优方法(如登山法、梯度法等)易陷入局部最小点。

遗传算法(GA)是近几年来流行的一种模拟自然界生物进化过程的随机搜索方法，求解优化问题(特别是非线性优化问题)有很多优势，因此，在控制器设计领域亦成为引用的热点。但大多数的研究集中在结构确定后的参数优化上。然而，工控场合一般存在非线性因素，而且控制器的结构事先未知，因而，研究能在非线性条件下实现结构和参数同时优化的 DDC 通用设计方法是更有意义的工作。

一、优化模型的建立

在 Matlab 和 Simulink 环境下建立系统控制与性能指标汲取仿真框图，如图 3-6 所示。其中，函数 1 和函数 2 为自定义函数框，用于汲取时间误差性能指标，函数用 Matlab M 文件编写。例如：计算 ISTE 指标时，函数 1 为：$y=x^2$，函数 2 为：$y=x^2$。仿真框图运行后，J 的最后结果为：

$$J=\mathrm{ISTE}=\int_0^{\infty} t^2 e^2(t)\mathrm{d}t$$

控制器 $D(Z)$ 取其通用标准型：

$$D(z)=$$

$$Kz^{-d}\frac{(1+b_1z^{-1})(1+b_2z^{-1})\cdots(1+b_{11}z^{-1}+b_{12}z^{-2})(1+b_{21}z^{-1}+b_{22}z^{-2},\cdots}{(1+a_1z^{-1})(1+a_2z^{-1})\cdots(1+a_{11}z^{-1}+a_{12}z^{-2})(1+a_{21}z^{-1}+a_{22}z^{-2},\cdots}$$

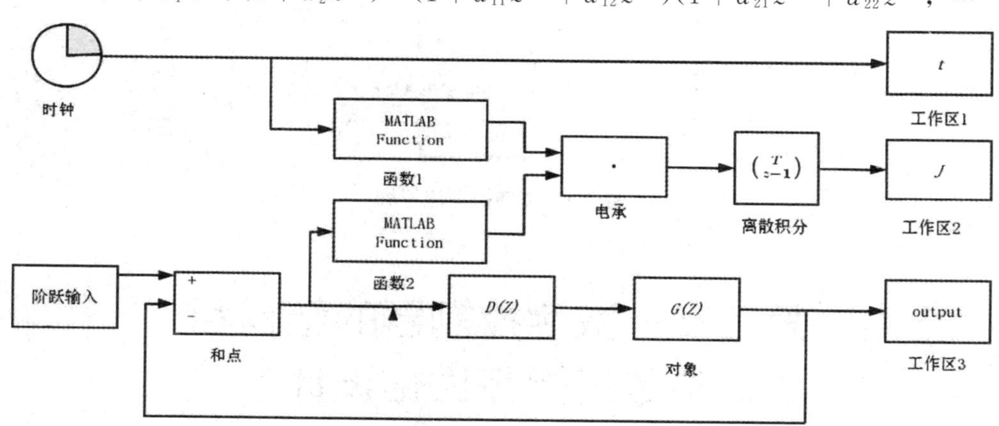

图 3-6　控制系统与性能指标汲取框图

设计的任务是选择合适控制器，使得控制器结构的复杂性 S 和系统性能指标 J 同时达到最优。相应的优化数学模型为：

Min J and S

s. t.

$\mathrm{KL}\leqslant k\leqslant \mathrm{KH}$

$\mathrm{BL}_i\leqslant b_i\leqslant \mathrm{BH}_i\qquad i=1,2,\cdots,M$

$\mathrm{AL}_j\leqslant a_j\leqslant \mathrm{AH}_j\qquad j=1,2,\cdots,N$

BL_{m1}

$\mathrm{BL}_{m1}\leqslant b_{m1}\leqslant \mathrm{BH}_{m1}\qquad m=1,2,\cdots,P$

$AL_{n2} \leqslant a_{n2} \leqslant AH_{n2}$

$AL_{n1} \leqslant a_{n1} \leqslant AH_{n1} \qquad n=1, 2, \cdots, Q$

其中 BL_{m2}，BH_{m2}，BL_{m1}，BH_{m1}，AL_{n1}，AH_{n1}，BH_i，KL，BL_i，BH_i，AL_j，AH_j，KH 分别为参数取值的上下限。

二、HGA 的操作

HGA 的染色体由控制基因和参数基因组成，示例如图 3-7 所示。

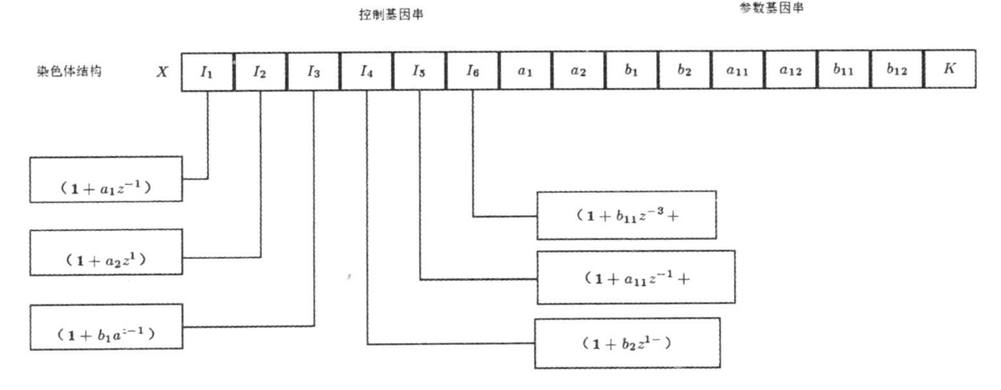

图 3-7　HGA 染色体 X 的结构

控制基因代表控制器结构，取值 0 或 1，用于激活或关闭对应于 $D(Z)$ 中的多项式单元；参数基因则对应单元中的参数。当 $x=[0, 0, 1, 0, 1, 0]$ 且 $d=0$ 时，实际的 $D(Z)$ 为：

$$D(Z)=k\frac{1+b_1z^{-1}}{1+a_{11}z^{-1}+a_{12}z^{-2}}$$

染色体的评价函数为 f_1(代表 J)和 f_2(代表 S)即：

$$f_1=J$$

$$f_2=\sum_{i=1}^{n}I_i+2\sum_{j=m+1}^{n+m}I_j$$

式中 m，n 分别为控制一次和二次多项式的控制基因总数。本书优化问题虽是多目标优化问题，但 HGA 仅以唯一目标函数 f_1 为进化驱动力。为实现结构同步优化的要求，将种群按结构字 PSTR=[S_1，S_2，…，S_{m+2n}] 分成子群，其中 S_i 为 $f_2=i$ 的子群大小。设置 S_i 的规律是：i 越大，S_i 也越大。这意味着结构愈简单的子群有更多的进化概率，会进化得更彻底。于是 HGA 程序运行的最后也能达到使控制器结构最简的目的。

HGA的解题步骤与CGA无大差异。本研究中，采用“最佳”选择和实型代码。前者有益于一致收敛，后者比二进制代码更高效。交叉操作分两步进行。

首先是控制基因交叉：

$$\begin{cases} X_{k-}=[I_1,\ I_2,\ \cdots,\ I_p,\ \cdots I_{m+n}] \\ X_{h-}=[I_1{}',\ I_2{}',\ \cdots,\ I_p,\ {}'\cdots I_{m+n}{}'] \end{cases}$$

$$\begin{cases} X_{k-}{}'=[I_1,\ I_2,\ \cdots,\ I_p,\ I_{p+1}{}',\ \cdots I_{m+n}{}'] \\ X_{h-}{}'=[I_1{}',\ I_2{}',\ \cdots,\ I_p{}',\ I_{p+1},\ \cdots I_{m+n}] \end{cases}$$

式中 X_{k-}，X_{h-} 的配对染色体 X_k，X_h 中的控制基因串 P 是 $[1,\ m+n]$ 内随机选择的整数。其次是已交叉的控制基因对应的参数基因交叉。如果 $I_k \neq I_k{}'(p < k \leqslant m+n)$，则交换受控参数基因；如果 $I_k = I_k{}'$，新参数基因按如下方式产生：

$$g_{k+}=\alpha g_k+(1-\alpha)\ g_k'$$

$$g_{k+}'=\alpha g_k'+(1-\alpha)\ gk$$

式中在 α [0，1]中，随机数 g_k，g_k' —— I_k 和 $I_k{}'$ 是所控基因参数。

三、数值实验例

以一不稳定的对象控制为例。对象的传递函数为：

$$G(z)=\frac{0.265z^{-1}(1+2.78z^{-1})(1+0.2z^{-1})}{(1-z^{-1})^2(1-0.286z^{-1})}$$

假定 $D(Z)$ 的输出被限幅于±1(模拟实际系统中的放大器饱和、D/A 输出限幅等现象)。限幅不仅对系统过渡过程有不良影响，也给传统DDC设计法的应用造成困难。

在图3-6中，于 $D(z)$ 和 $G(z)$ 间加入饱和模块，$D(z)$ 取如图3-7所示的冗余结构；性能指标采用ISTE；$k \in [0,\ 5]$，其他参数设置于[0，3]；HGA参数为：交叉率 $P_c=0.6$、变异率 $P_m=0.3$，PSTR=[10，10，10，6，6，6，4，4，4]，最大遗传代数MAXGEN=1400。HGA优化的结果如表3-1所示，HGA的部分子群进化过程如图3-8所示。最优单位阶跃响应(ITAE=0.8567)如图3-9所示。显然，对应控制器为：

$$D(z)=\frac{(1-0.3788z^{-1})(1-0.9997z^{-1})}{1+0.627z^{-1}}$$

表 3-1　HGA 优化的结果

染色体										ISTE
0 0 0 1 0 0	−2.8607	−2.2560	1.7306	−0.9997	−0.1953	0.4493	0.0532	0.5735	0.2082	7.6786
0 0 1 1 0 0	1.2651	0.3720	−0.444[illegible]	−0.9997	1.3808	0.0956	1.3702	0.3195	0.4866	1.9129
1 0 1 1 0 0	0.6270	−0.2810	−0.3788	−0.9997	2.2260	1.6035	0.2374	0.6602	0.8030	0.8567
1 1 1 1 0 0	0.6270	−0.0131	−0.3788	−0.9997	−1.0521	1.6035	−0.0813	0.6232	0.8030	0.8600
0 1 1 1 1 0	−1.0616	0.3637	−0.2000	−0.9997	0.1201	0.0310	0.2372	1.1495	0.7367	0.9797
1 1 1 1 1 0	0.3771	0.0778	0.3116	−0.9997	0.3677	0.8749	0.6993	−1.2779	0.7482	0.9850
0 1 1 1 1 1	−0.2644	0.4389	−0.2112	−0.9997	0.1533	0.0066	0.2095	0.1261	0.6401	1.1282
1 1 1 1 1 1	0.0138	0.4361	−0.2292	−0.9997	0.1440	−0.0111	0.1930	0.1491	0.6265	1.1676

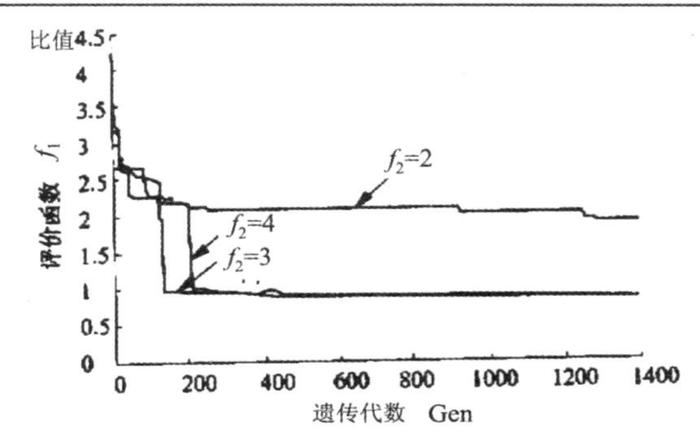

图 3-8　HGA 部分子群的进化过程

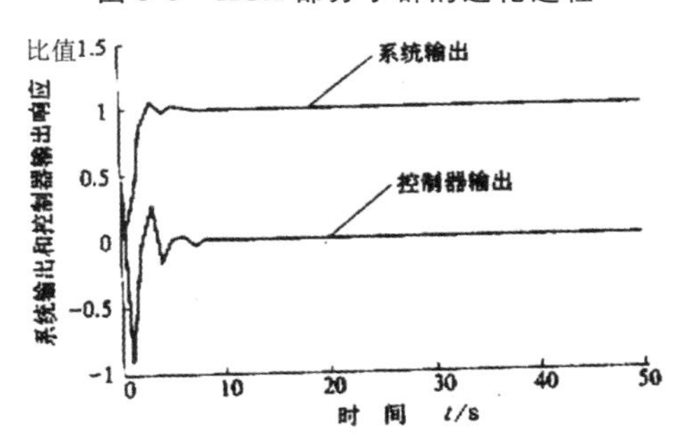

图 3-9　最佳阶跃响应曲线

五、结束

从数值例中可以看出 HGA 设计方法能在非线性因素条件下，同时确定系统控制器最优结构和参数(本例中 f_2 应取 3～4，多或少皆不可取)，并提供了设计者的多种可选择方案，实现传统 DDC 设计所不能或难以完成的设计任务。

可以方便地在图 3-6 中增加或改变功能框(包括函数 1 和函数 2 内容)，适用于不同的控制对象和不同的场合，这使得本方法具有较强的通用性。

值得一提的是，HGA 的进化所需遗传代数较大，这是因为进化时，控制基因不断地开启（"1"）和关闭（"0"），使得进化过程在不同的维数空间内交替进行，参数基因的遗传性经常受到破坏，不可避免地影响了 HGA 的收敛速度。另外，$D(z)$ 冗余结构及参数的取值范围的确定仍需人的经验参与（例如，多项式系数一般应略超出控制对象的最大零极点）。

尽管如此，HGA 设计法作为一种全新的 DDC 设计法，将以其简单、直观、通用的特点，在数字控制系统的设计中获得广泛的应用。

第三节　数字控制器离散化方法

一、数字设计

一个数字控制系统的设计是为控制器选择差分方程或等效频域传递函数的过程，这将对闭环系统产生满意性能。性能与许多不同参数有关，如上升时间、调节时间、超调量、闭环幅频响应、带宽和阻尼比等。

在数字补偿器的设计中，通常采用两种方法：一种方法是在闭环回路中忽略任何零阶保持（ZOH）和采样，先在时域中初步设计，然后再通过某种近似技术变换为离散时间而得到一个离散时间补偿器；另一种方法是对连续时间被控对象通过零阶保持或一阶保持或其他方法并采样后利用某种近似方法变换为离散被控对象。一旦得到被控对象的离散近似，就可直接在频域利用与连续时间频率响应方法相似的方法或根轨迹方法或其他方法来设计离散补偿器。

1. 通过仿真的数字法

第一种方法称为数字重设计方法或通过仿真进行数字设计的方法，即在连续时域中设计控制器并转换为等效的数字控制器。相对于直接数字设计方法，该方法的优点在于工程人员通常在 s 平面比在 z 平面下更熟悉。但缺点是在变换为离散时间补偿器的过程中，x 平面上的极点会失真，因此，需要一个试错的设计过程。一些将连续控制器变换为等效数字控制器的变换方法，其各自得到的变换结果性能不同，这些方法见表 3-1。

表 3-1　离散化方法

变换方法	s 域	z 域
正变换	s	$\frac{z-1}{T_s}$
反变换	s	$\frac{1-z^{-1}}{T_s}$
双线性变换	s	$\frac{21-z^{-1}}{T_s(1+z^{-1})}$
带频率预畸的双线性变换	s	$\frac{wz^{-1}}{\tan(wT/2)z+1}$
阶跃响应不变变换	$G_c(s)$	$Z\frac{1-e-T_s{}^s}{s}G_c(s)$
零/极点匹配变换	$\frac{s+a}{s+a\pm jb}$	$\frac{1-z^{-1}e_s^{-aT}}{1-2^{z-1}e_s^{-aT}\cos bT_s+z^{-2}e_s^{-2aT}}$
匹配的零/极点变换	e^{sT}	z

2. 直接数字法

第二种方法称为直接数字法，即直接设计数字控制器。数字控制器是在离散时间域利用零阶保持通过连续时间被控对象的环节不变模型进行设计的，一旦得到被控对象的离散时间近似，直接在 x 域利用离散时间频率响应法、根轨迹法、最少拍法或其他方法进行控制器设计。

该方法的优点在于离散补偿器的零点和极点都是直接确定的，设计者可事先选择这些零/极点位置。缺点是对于设计者难以直观地确定可获得满意系统性能的 z 域中零/极点位置，除非采用零/极点匹配技术来确定其 z 域中的位置，但这反过来会导致某些失真。

3. 根轨迹法

根轨迹是一种 n 阶多项式求解的图解法。通过调节控制器参数，系统的零/极点可校正到合适的位置。然而，校正过程的时间较长，尤其是当有一些未定的控制器参数时。

4. 伯德图或频率响应法

频率响应法特别适用于熟悉 s 域中伯德图设计方法的有经验工程人员，可采用同样的概念，如增益穿越频率和增益/相位裕量。然而，这种方法的局限性在于采样频率必须至少大于闭环带宽的 10 倍。

5. 最少拍控制

优化数字控制系统的另一种方法是利用最少拍概念，提前计算控制变量，并经过固定拍后可消除误差。通常，该方法取决于过程模型，同时也对模型不确定性比较敏感。另外，由于算法计算量大，因此需要更高的处理器。但是，其控制比传统控制方法具有更快的动态响应，可成功用于开关电路。因此，控制器的优点在大多数情况下并不明显。

二、数字控制技术

1. 数字电流控制模式

数字电流控制模式是提高高频 PWM 变换器动态特性的新方法，该方法在软件上用数字处理器执行整个控制策略。同时也是一种真正的电流控制模式方法，即将每个开关周期中电感电流平均采样与程序计算值相比。这两个特点使之成为非常强大的技术。图 3-7 给出了平均电流控制模式方案应用于简单降压变换器的框图。这种控制类似于数字电流控制模式方法，因此，对于检验其工作非常有用。

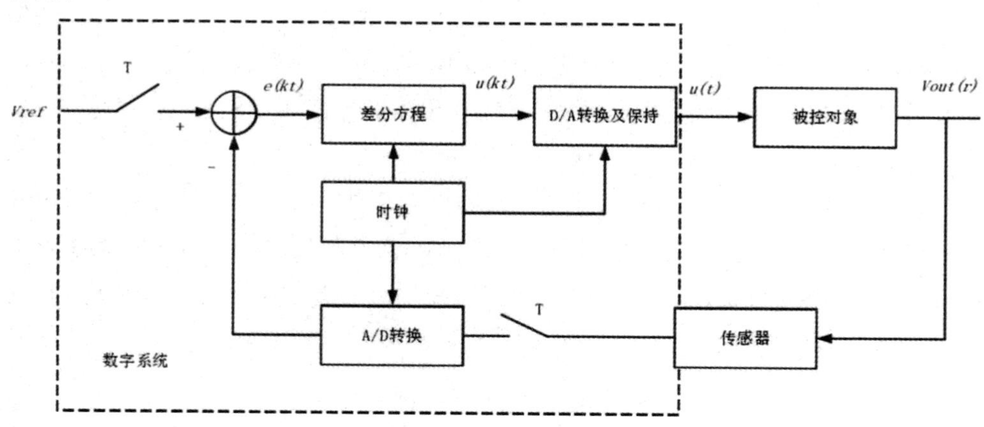

图 3-7 平均电流控制模式

内环从当前程序值中减去电感电流标量，然后放大偏差并与锯齿波进行比较来获得变换器的占空比，电感电流的上升沿或下降沿上的任何变化都会直接影响占空比。外环从参考值中减去输出电压，放大偏差为内环提供电流驱动。电流和电压控制器允许内环和外环的修正以保证变换器稳定和达到期望的瞬态响应。

数字电流控制模式采用最基本方法来实现电流内环，应充分利用 3 种主要

PWM 变换器类型中电感电流上升斜坡和下降斜坡的线性特性。

数字处理器读取一个特定变换器中电感电流波形的最大和最小采样值，这是由模/数转换器完成的。然后，处理器按式计算每个开关周期上的平均电感电流：

$$I_{ave}(n)=\frac{1}{2}\{[I_{min}(n)+I_{max}(n)]D(n)+[I_{min}(n+1)+I_{max}(n)]D'(n)\}$$

式中，占空比为 $D(n)=t_{on}(n)/T$ 以及 $D'(n)=1-D(n)$ 。

处理器从电流驱动和数字滤波器中减去 I_{ave} ，然后延展结果而直接得到占空比。同时也读取每个周期内输出电压的采样值，这是从电压闭环参考值中减去并经数字滤波后得到电流驱动的。因此，数字处理器在软件中执行整个控制策略。

2. 预测控制

开关模式应用中反馈控制律的设计主要基于线性控制理论。在该方法中，首先推导开关电路的一个线性近似，然后用于设计控制律。因此，该设计方法有效是由于开关频率总是大于控制回路的带宽。较高的开关频率与控制带宽之比可有效地解耦开关中的控制动态。对于更高的电力应用，希望增加带宽而保持较低的开关频率。随着开关频率与控制带宽之比的降低，开关回路的线性近似也退化，因此由该近似推导出的线性控制律不能提供满意的性能。解决该问题的一个方法是在控制律中包含开关动态，在每个开关间隔输入开关的导通-关断状态，由使得下一状态(预测状态)与参考状态之间的误差最小来选择。

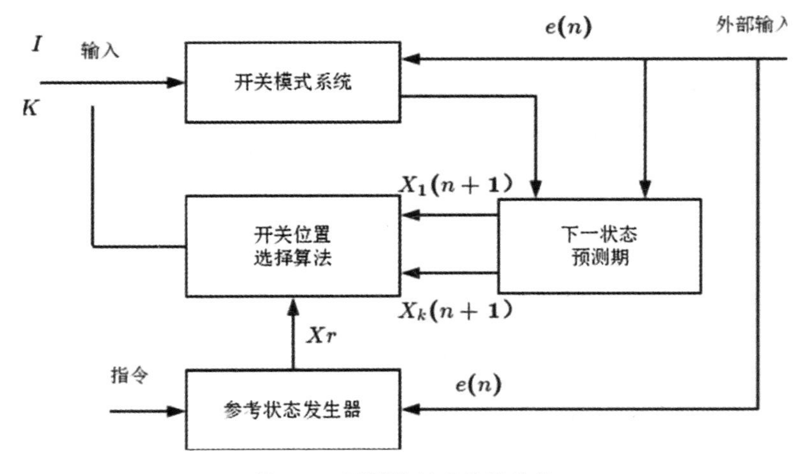

图 3-8　预测控制系统的结构

预测控制基于 delta 调制方法。在预测控制中，选择输入开关位置以使在每个采样周期结束时开关电路的状态趋近于期望状态，然后执行所选择的开关位置。对于每个可能的输入开关组合，根据电路模型计算预测的电路状态，能产生最终状态与期望状态接近的输入开关位置应用于整个采样间隔。图 3-8 给出了一个由预测控制器操作的开关电路框图，开关的导通-关断状态组合有 k 种可能。系统由 4 个功能模块组成：开关电路、参考状态发生器、状态预测器和开关位置选择。这些模块的功能描述如下。

(1)开关模式电路：该电路包括功率开关装置、反馈部件和负载。其控制输入是开关的位置。在单开关电路情况下，输入不是导通就是关断。而在逆变器应用中不止一个开关，输入就是这些导通-关断的组合之一。其他可能的外部输入[$e(n)$]包括：反电势(电动机驱动应用中)、电网电压(四象限变换器应用中)和输入直流电压(DC-DC 应用中)。

(2)参考轨迹发生器：参考轨迹发生器可产生电路的一系列参考状态(即参考轨迹 X_r)，参考轨迹的维数应与电路的阶次匹配。如在电动机驱动情况下，参考轨迹包括期望的通量和相电流。从一个标量输入命令中产生多维参考轨迹的方法是利用具有反馈算法的开关电路模型，如图 3-9 所示，图中的电路模型是开关电路的一个离散时间模型。值得注意的是，与实际开关电路的输入不同，电路模型的输入不局限于离散开关状态的个数。图 3-10 中的模型控制器是一个使控制变量 y 跟随命令的算法，这样可产生一个多维参考轨迹(X_r)。如在逆变器应用中，该命令就是期望输出电流。而在 DC-DC 应用中，命令输入是期望输出直流电压，外部输入是输入电压和负载电流。因为电路输入是一个模拟量，控制器可采用任何控制理论来设计。应注意的是，模型控制器对实际电路没有直接作用，其作用仅是产生一个可行的、表现良好的参考轨迹。

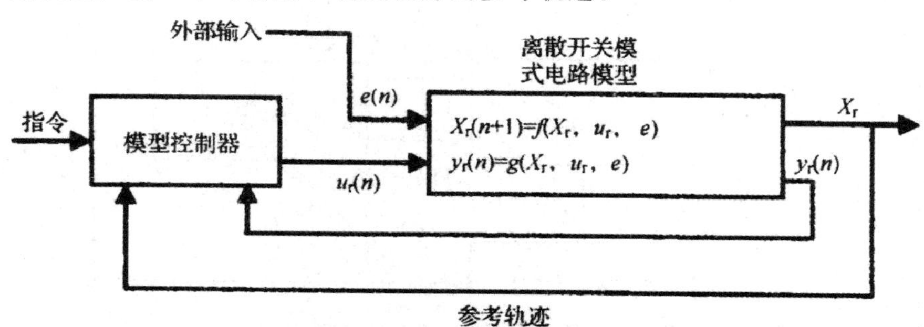

图 3-9 参考轨迹发生器

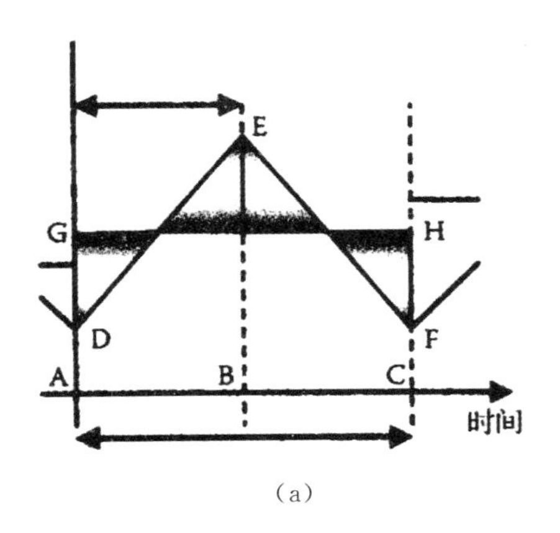

(a)

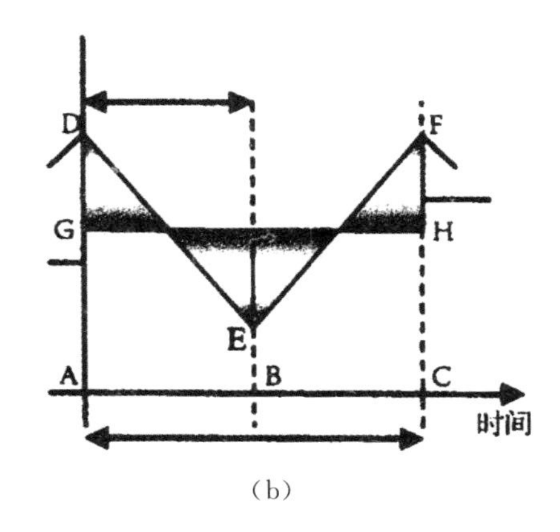

(b)

图 3-10　方法 B 的参考输入电流波形和实际输入电流波形

(a)顺序模式Ⅰ(b)顺序模式Ⅱ

(3)下一状态预测器：预测器在采样间隔结束时对每个可能的输入开关组合计算开关电路的状态。在单开关电路情况下，预测器计算两个最终状态：开关导通时的状态和开关断开时的状态。对三相逆变器而言，有 7 种可能的开关组合，因此就需要计算 7 个状态。下一状态的计算根据开关电路的离散时间模型，该模型可能包括非线性影响，如磁饱和或断续导通。计算机延迟也应在预测算法中考虑和计入。

第四章

计算机与系统抗干扰技术

计算机控制系统的工作环境往往比较复杂、恶劣，尤其是系统周围的电磁环境对系统的可靠性与安全性构成了极大的威胁，计算机控制系统必须长期稳定、可靠运行，否则将导致控制误差加大，严重时会使系统失灵，甚至造成巨大损失，影响系统可靠、安全运行的主要因素是来自系统内部和外部的各种干扰，所谓干扰就是指有用信号以外的噪声或造成计算机或者设备不能正常工作的破坏因素，外部干扰指的是与系统结构无关，由外界环境决定的影响系统正常运行的因素，如空间或磁的影响，环境温度、湿度等的影响等；内部干扰指的是由系统结构、制造工艺等决定的、影响系统正常运行的因素，如分布电容、分布电感引起的耦合，多点接地引起的电位差，寄生振荡引起的干扰等。

第一节　计算机控制系统主要干扰分析

一、干扰的来源

干扰的来源是多方面的，有时甚至是错综复杂的，对于计算机控制系统来说，干扰既可能来自系统外部，也可能来自系统内部。外部干扰与系统结构无关，仅由使用条件和外部环境因素决定，内部干扰则是由系统的结构布局、制造工艺产生的。

外部干扰主要来自空间电场或磁场的影响，如电气设备和输电线发出的电磁场，太阳或其他星球辐射的电磁波，通信广播发射的无线电波，雷电、火花放电、弧光放电等放电现象等，内部干扰主要有分布电容、分布电感引起的耦合感应，电磁场辐射感应，长线传输造成的波反射，多点接地造成的电位差引起的干扰，装置及设备中各种寄生振荡引起的干扰，热噪声、闪变噪声、尖峰噪声等引起的干扰以及元器件产生的噪声等。

典型的计算机控制系统的外部干扰环境如图 4-1 所示。

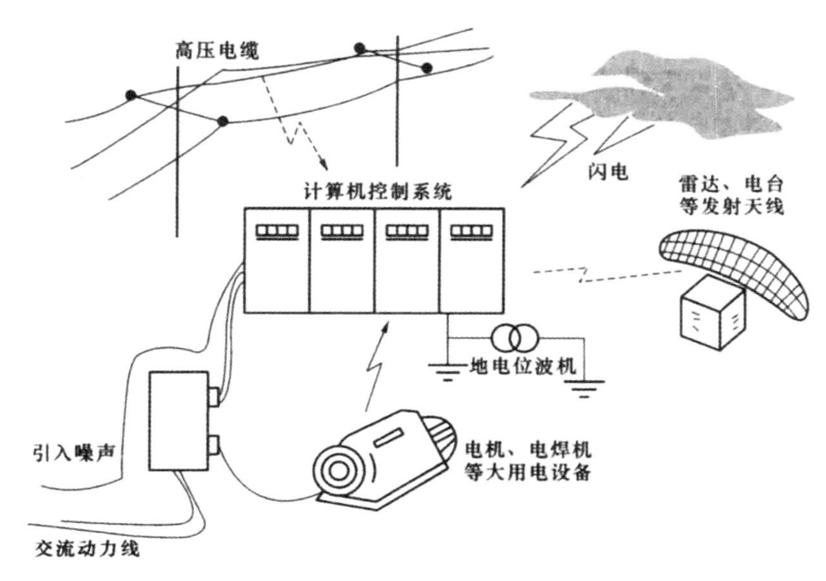

图 4-1　外部干扰环境

二、干扰的传播途径

干扰的传播途径主要有 3 种，即静电耦合、磁场耦合与公共阻抗耦合。

1. 静电耦合

静电耦合是指电场通过电容耦合途径窜入其他线路的一种干扰传播途径，两根并排的导线之间会构成分布电容，例如，印制线路板上的印制线路之间、变压器绕线之间都会构成分布电容，如图 4-2 所示是两根平行导线之间静电耦合的示意电路，C_{12} 是两个导线之间的分布电容，C_{12}、C_{2g} 是导线对地的电容，R 是导线 2 对地电阻。如果导线 1 上有信号 V_1 存在，那么它就会成为导线 2 的干扰源，在导线 2 上产生干扰电压 V_n 。显然，干扰电压 V_n 与干扰源 V_1、分布电容 C_{12}、C_{2g} 的大小有关。

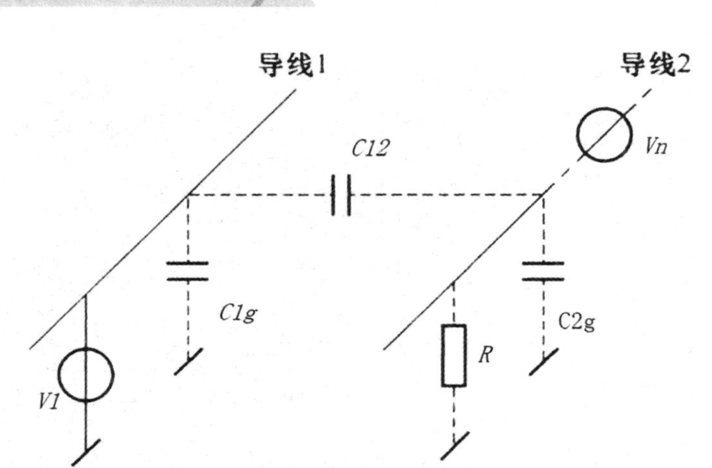

图 4-2　导线之间的静电耦合

2. 磁场耦合

空间的磁场耦合是通过导体间的互感耦合产生的，在任何载流导体周围空间中都会产生磁场，而交变磁场则对其周围闭合电路产生感应电势。例如，设备内部的线圈或变压器的漏磁会引起干扰，普通的两根导线平行架设时也会产生磁场干扰，如图 4-3 所示。

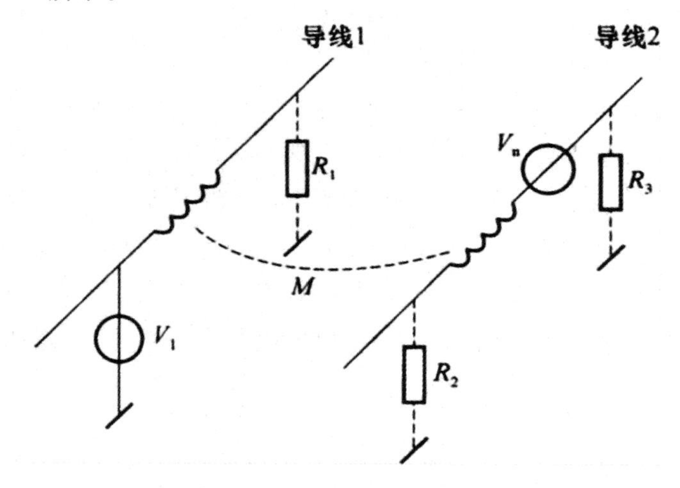

图 4-3　导线之间的磁场耦合

3. 公共阻抗耦合

公共阻抗耦合发生在两个电路的电流流经一个公共阻抗的时候，一个电路在该阻抗上的电压将会影响另一个电路，从而产生干扰噪声的影响。图 4-4 给出了一个公共电源线的阻抗耦合示例，在一块印制电路板上，运算放大器 A_1 和 A_2 是两个独立的回路，但都接入一个公共电源，电源回流线的等效电阻 R_1、R_2 是两个回路的公共阻抗。当回路电流 i_1 变化时，在 R_1 和 R_2 上产生的电压降变化就会影响另一个回路电流 i_2，反之也如此。

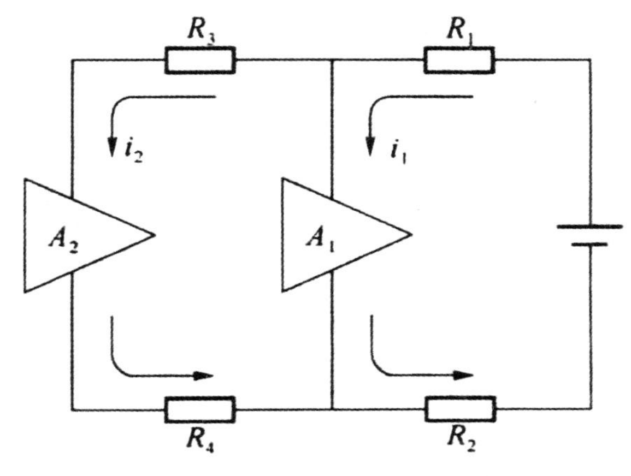

图 4-4　公共电源线的阻抗耦合

三、过程通道中的干扰

过程通道是计算机控制系统进行信息传输的主要路径。按干扰的作用方式不同，过程通道中的干扰主要有串模干扰(常态干扰)和共模干扰(共态干扰)。

1. 串模干扰

串模干扰是指叠加在被测信号上的干扰噪声，即干扰串联在信号源回路中，其表现形式与产生原因如图 4-5 所示。图中 U_s 为信号源电压，U_n 为串模干扰电压，临近导线(干扰线)有交变电流 I_n 流过，I_n 产生的电磁干扰信号会通过分布电容 C_1 和 C_2 的耦合，引至计算机控制系统的输入端。

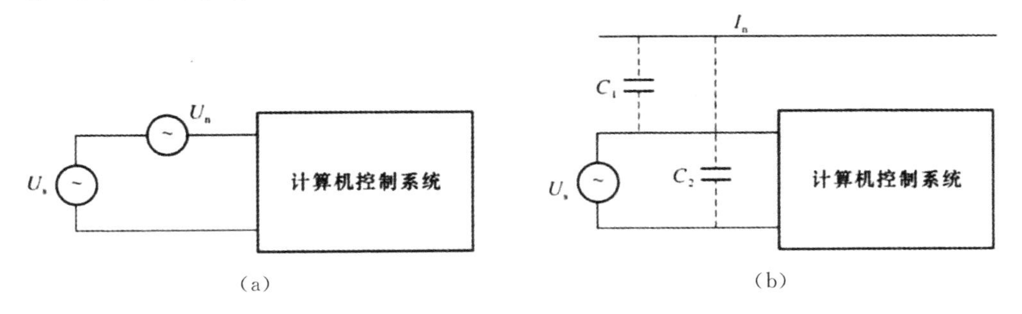

图 4-5　串模干扰

(a)表现形式　(b)产生原因

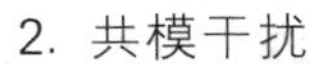

2. 共模干扰

共模干扰是指在计算机控制系统输入通道中信号放大器两个输入端上共有的干扰电压，可以是直流电压，也可以是交流电压，其幅值达几十伏特甚至更高，这取决于现场产生干扰的环境条件和计算机等设备的接地情况，在计算机控制系统中一般都用较长的导线把现场的传感器或执行器连接到计算机系统的输入通道或输出通道中，这类信号传输线通常长达几十米甚至上百米，这样，现场信号的参考接地点与计算机系统输入或输出通道的参考接地点之间存在一个电位差 U_{cm} ，如图 4-6(b)所示，这个 U_{cm} 是加在放大器输入端上共有的干扰电压，故称为共模干扰，其表现形式如图 4-6(a)所示，其中 U_s 是信号源电压，U_{cm} 就是共模电压。

3. 长线传输干扰

由生产现场到计算机的连线往往长达数百米，甚至几千米。即使在中央控制室内，各种连线也有几米到几十米。对于采用高速集成电路的计算机来说，长线的“长”是一个相对的概念，是否“长线”取决于集成电路的运算速度。例如，对于 ns 级的数字电路来说，1m 左右的连线就应当作长线来看待，而对于 μs 级的电路来说，几米长的连线才需要当作长线来处理。

信号在长线中传输时除了会受到外界干扰和引起信号延迟外，还可能会产生波反射现象。当信号在长线中传输时，由于传输线的分布电容和分布电感的影响，信号会在传输线内部产生正向前进的电压波和电流波，称为入射波。如果传输线的终端阻抗与传输线的阻抗不匹配，则入射波到达终端时会引起反射。同样，反射波到达传输线始端时，如果始端阻抗不匹配，又会引起新的反射，使信号波形严重畸变。

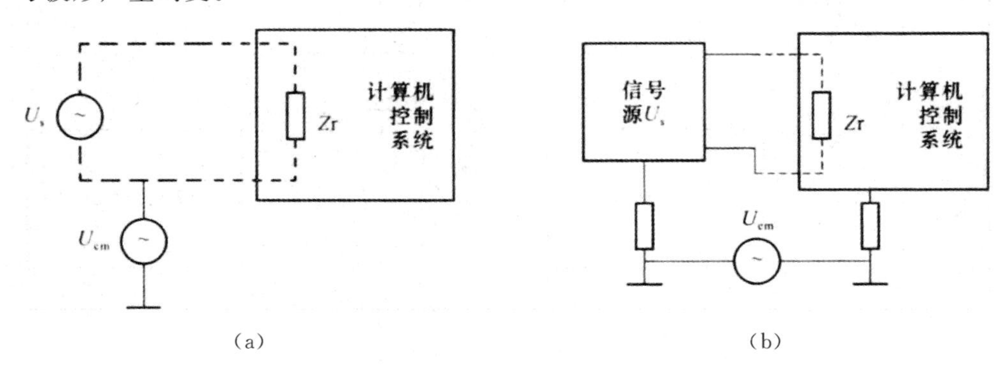

图 4-6　共模干扰

第二节　过程通道中的抗干扰技术

一、串模干扰的抑制

对串模干扰的抑制较为困难，因为干扰电压 U_n 直接与信号源电压 U_s 串联。串模干扰的抑制方法应从干扰信号的特性和来源入手，采取相应的措施，目前常用的措施有采用双绞线和滤波器两种。

1. 采用双绞线

串模干扰主要来自空间电磁场，采用双绞线作信号线的目的就是为了减少电磁感应，并使各个小环路的感应电势互相呈反向抵销。用这种方法可使干扰抑制比达到几十分贝，其效果如表 4-1 所示。为了从根本上消除产生串模干扰的来源，一方面对测量仪表要进行良好的电磁屏蔽；另一方面应选用带有屏蔽层的双绞线作信号线，并应有良好的接地。

表 4-1　双绞线节距对串模干扰的抑制效果

节距/mm	干扰衰减比	屏蔽效果/dB
100	14∶1	23
75	71∶1	37
50	112∶1	41
25	141∶1	43
平行线	1∶1	0

2. 采用滤波器

采用滤波器抑制串模干扰是一种常用的方法。根据串模干扰频率与被测信号频率的分布特性，可以选用低通、高通、带通等滤波器。如果串模干扰频率比被测信号频率高，则采用低通滤波器来抑制高频串模干扰；如果串模干扰频率比被测信号频率低，则采用高通滤波器来抑制低频串模干扰；如果串模干扰频率在被测信号频谱的两侧，则采用带通滤波器。在计算机控制系统中，主要采用低通 RC 滤波器滤掉交流干扰。如图 4-7 所示为实用的 RC 滤波器电路。

由于串模干扰都比被测信号变化快，所以使用最多的是低通滤波器。一般采用电阻、电容和电感等无源元件构成无源滤波器，如图 4-7(a)所示，其缺点是信号有较大的衰减。为了把增益和频率特性结合起来，可以采用以反馈放大器为基础的有源滤波器，如图 4-7(b)所示，这对小信号尤其重要，它不仅可以提高增益，而且可以提供频率特性，其缺点是线路复杂。

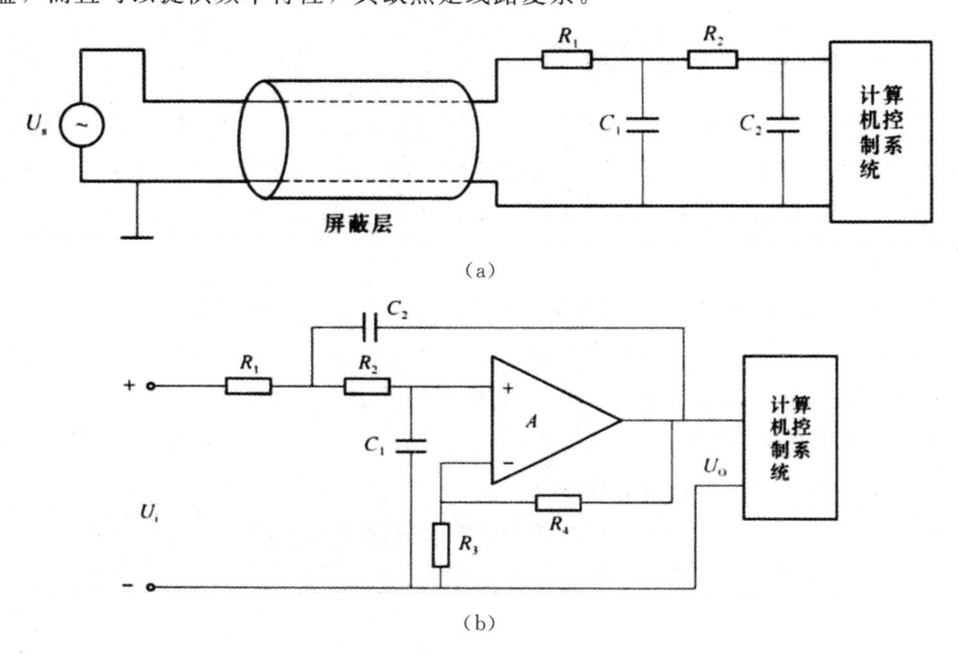

图 4-7　RC 滤波器电路

(a)无源滤波器电路(b)有源滤波器电路

二、共模干扰的抑制

共模干扰产生的原因是不同“地”之间存在电压以及模拟信号系统对地的漏阻抗会引起电压，因此，共模干扰的抑制就是有效隔离两个地之间的电联系，可采用被测信号的双端差动输入方式，具体的有变压器隔离、光电隔离与浮地屏蔽等多种措施。

1. 变压器隔离

利用变压器把现场信号源的地与计算机的地隔离开，这种把“模拟地”与“数字地”断开的方法称为变压器隔离。被测信号通过变压器耦合获得通路，而共模干扰电压由于不成回路而得到有效抑制。要注意的是，隔离前和隔离后应分别采用两组互相独立的电源，以切断两部分的地线联系。如图 4-8 所示，被测信号 U_s

经双绞线引到输入通道中的放大器，放大后的直流信号 U_{s1} 先通过调制器变换成交流信号，该交流信号经隔离变压器 B 传输到副边，然后用解调器将这个交流信号变换为直流传号 U_{s2}，最后对 U_{s2} 进行 A/D 转换。

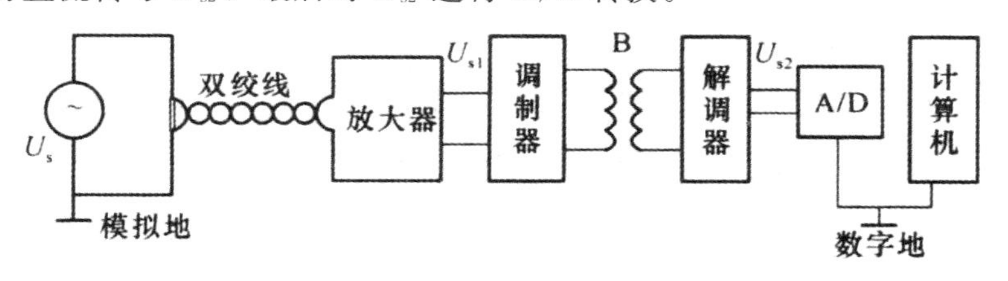

图 4-8　变压器隔离

2. 光电隔离

光电隔离是目前计算机控制系统中最常用的一种抗干扰方法，它使用光电耦合器来完成隔离任务。光电耦合器是由封装在一个管壳内的发光二极管和光敏三极管组成的，发光二极管两端为信号输入端，光敏三极管的集电极和发射极分别为光电耦合器的输出端。采用光电隔离可以实现数字信号、模拟信号传输的干扰抑制。

3. 浮地屏蔽

浮地屏蔽利用屏蔽层使输入信号的“模拟地”浮空，并使共模输入阻抗大为提高，共模电压在输入回路中引起的共模电流大为减少，从而抑制共模干扰的来源，使共模干扰降至很小，如图 4-9 所示是一种浮地输入双层屏蔽放大电路。

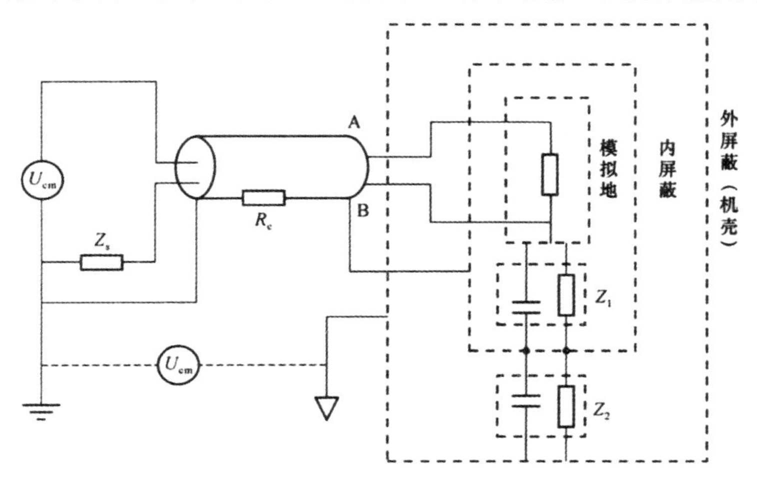

图 4-9　浮地输入双层屏蔽放大电路

该方法是将测量装置的模拟部分对机壳浮地，从而达到抑制干扰的目的。模拟部分浮置在一个金属屏蔽盒内，为内屏蔽盒，而内屏蔽盒与外部机壳之间再次浮置，外机壳接地。一般称内屏蔽盒为内浮置屏蔽罩。通常内浮置屏蔽罩可单独引出一条线作为屏蔽保护端。

Z_1 和 Z_2 分别为模拟地与内屏蔽盒之间、内屏蔽盒与外屏蔽盒(机壳)之间的绝缘阻抗，由漏电阻和分布电容组成，所以此阻抗很大。在图 4-9 中，用于传送信号的屏蔽线的屏蔽层与 Z（外屏蔽盒）为共模电压提供了共模电流 I_{cm1} 的通路，但此电流对传输信号而言不会产生串模干扰，因为模拟地与内屏蔽盒是隔离的。由于屏蔽线的屏蔽层存在电阻 R_c，I_{cm1} 会在 R_c 上产生较小的共模电压，该共模电压会在模拟量输入回路中产生共模电流 I_{cm2}，I_{cm2} 会在模拟量输入回路中产生共模干扰电压。但由于 $R_c \leqslant Z_2$，$Z_s \leqslant Z_1$，U_{cm} 引入的串模干扰电压非常微弱，所以这是一种非常有效的共模干扰抑制措施。

三、长线传输干扰的抑制

采用终端阻抗匹配或始端阻抗匹配的方法，可以消除长线传输中的波反射或者把它抑制到最低限度。

1. 终端阻抗匹配

最简单的终端阻抗匹配方法如图 4-10(a)所示，如果传输线的波阻抗是 R_p，那么当 $R=R_p$ 时，便实现了终端阻抗匹配，消除了波反射。此时终端波形和始端波形的形状一致，只是时间上滞后，由于终端电阻变低，故需加大负载，这样会使波形的高电平下降，从而降低高电平的抗干扰能力，但对波形的低电平没有影响。为了克服上述匹配方法的缺点，可采用图 4-10(b)所示的终端匹配法，其等效阻抗为

$$R=\frac{R_1+R_2}{R_1R_2}$$

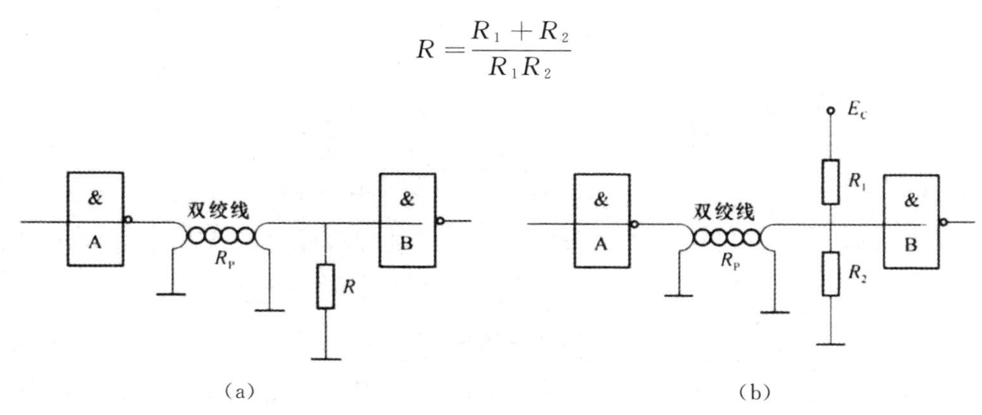

图 4-10　两种终端阻抗匹配电路

适当调整 R_1 和 R_2 的值，可使 $R = R_p$，这种匹配方法也能消除波反射，优点是波形的高电平下降较少，缺点是低电平抬高，从而降低了低电平的抗干扰能力。为了同时兼顾高电平和低电平两种情况，可选取 $R_1 = R_2 = 2R_p$，此时等效电阻 $R = R_p$。在实践中宁可使高电平降低得稍多点，也要让低电平抬高得少点，可通过适当选取电阻 R_1 和 R_2 使 $R_1 > R_2$，即可达到此目的，当然还要保证等效电阻 $R = R_p$。

2. 始端阻抗匹配

在传输线始端串入电阻，也能基本上消除波反射，达到改善波形的目的，如图 4-11 所示。一般选择的始端电阻 R 为

$$R = R_p - R_{SC}$$

其中，R_{SC} 为门 A 输出低电平时的输出阻抗。

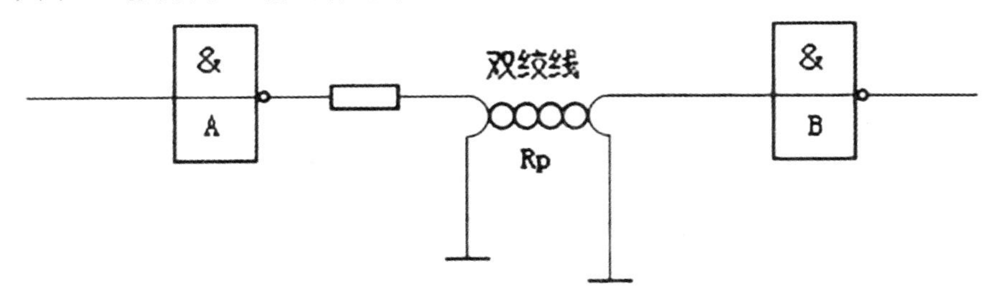

图 4-11　始端阻抗匹配

这种匹配方式的优点是波形的高电平不变，缺点是波形的低电平会抬高，这是终端门 B 的输入电流在始端匹配电阻 R 上形成的电压降所造成的。显然，始端所带负载门个数越多，低电平抬高得就越显著。

第三节　接地技术

接地技术对计算机控制系统是极为重要的，不恰当的接地会造成极其严重的干扰，而正确的接地是抑制干扰的有效措施之一。接地的目的有两个：一是抑制干扰，使计算机工作稳定；二是保护计算机、电器设备和操作人员的安全。

一、地线系统分析

广义的接地包含两个方面，即接实地和接虚地。接实地指的是与大地连接，

接虚地指的是与电位基准点近接，若这个基准点与大地电气绝缘，则称为浮地连接。接地的目的有两个：一是保证控制系统稳定可靠地运行，防止地环路引起的干扰，这常称为工作接地；二是避免操作人员因设备的绝缘损坏或下降而遭受触电危险，以及保证设备的安全，这称为保护接地。

（一）接地分类

接地分为安全接地、工作接地和屏蔽接地。

1. 安全接地

安全接地又分为保护接地、保护接零两种形式。保护接地就是将电气设备在正常情况下不带电的金属外壳与大地之间用良好的金属连接，如计算机机箱的接地。保护接零是指用电设备外壳接到零线，当一相绝缘损坏而与外壳相连时，则由该相、设备外壳、零线形成闭合回路，这时，电流一般较大，从而引起保护器动作，使故障设备脱离电源。

2. 工作接地

工作接地是为电路正常工作而提供的一个基准电位。这个基准电位一般设定为零。该基准电位可以设为电路系统中的某一点、某一段或某一块等，一般是控制回路直流电源的负端。

工作接地有 3 种方式，即浮地方式、直接接地方式、电容接地方式。

(1)浮地方式：设备的整个地线系统和大地之间无导体连接，以悬浮的“地”作为系统的参考电平。其优点是浮地系统对地的电阻很大，对地分布电容很小，则由外部共模干扰引起的干扰电流很小。浮地方式的有效性取决于实际的悬浮程度。当实际系统做不到真正的悬浮以及系统的基准电位受到干扰时，会通过对地分布电容产生位移电流，使设备不能正常工作。一般大型设备或者放置于高压设备附近的设备不采取浮地方式。

(2)直接接地方式：设备的地线系统与大地之间良好连接。其优缺点与浮地方式正好相反。当控制设备有很大的分布电容时，只要合理选择接地点，就可以抑制分布电容的影响。

(3)电容接地方式：通过电容把设备的地线与大地相连。接地电容主要是为高频干扰分量提供对地的通道，抑制分布电容的影响。电容接地主要用于工作地与大地之间存在直流或低频电位差的情况，所用的电容应具有良好的高频特性和耐压性能，一般选择的电容值在 2～10μF 之间。

3. 屏蔽接地

为了抑制变化电场的干扰，计算机控制装置以及电子设备中广泛采用屏蔽保护，如变压器的初、次级间的屏蔽层，功能器件或线路的屏蔽罩等。屏蔽接地指的是屏蔽用的导体与大地之间保持良好连接，目的是为了充分抑制静电感应和电磁感应的干扰。

(二)接地技术

1. 浮地－屏蔽接地

在计算机测控系统中，常采用数字电子装置和模拟电子装置的工作基准地浮空，而设备外壳或机箱采用屏蔽接地。浮地方式中计算机控制系统不受大地电流的影响，这提高了系统的抗干扰能力。由于强电设备大都采用保护接地，浮空技术切断了强电与弱电的联系，系统运行安全可靠。而外壳或机箱屏蔽接地，无论是从防止静电干扰和电磁干扰的角度还是人身设备安全的角度，都是十分必要的措施。

2. 一点接地

一点接地技术有串联一点接地和并联一点接地两种形式，如图 4-12 所示。串联一点接地指各元件、设备或电路的接地点依次相连，最后与系统接地点相连。由于导线存在电阻(地电阻)，所以会导致各接地点的电位不同。并联一点接地指所有元件、设备或电路的接地点与系统的接地点连在一点。各元件、设备、电路的地电位仅与本部分的地电流和地电阻有关，避免了各个工作电流的地电流耦合，减少了相互干扰。一般在低频电路($f < 1\ \mathrm{MH_Z}$)中宜用一点接地技术。

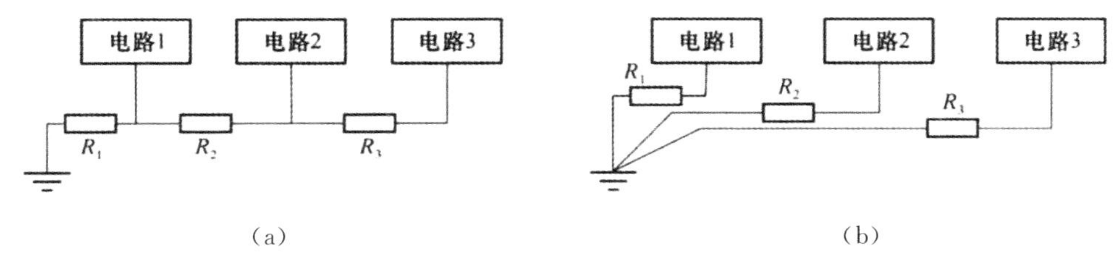

图 4-12　一点接地的两种方法

(a)串联一点接地(b)并联一点接地

3. 多点接地

将地线用汇流排代替，所有的地线均接至汇流排上，这样连接时，地线长度较短，减少了地线感抗。尤其在高频电路中，地线越长，其中的感抗分量越大，而采用一点接地技术的地线长度较长，所以在高频电路中，宜采用多点接地技术。

4. 屏蔽接地

(1)低频电路电缆的屏蔽层接地。电缆的屏蔽层接地应采用单点接地的方式，屏蔽层的接地点应当与电路的接地点一致。对于多层屏蔽电缆，每个屏蔽层应在一点接地，但各屏蔽层应相互绝缘。

(2)高频电路电缆的屏蔽层接地。高频电路电缆的屏蔽层接地应采用多点接地的方式。高频电路的信号在传递中会产生严重的电磁辐射，数字信号的传输会严重地衰减，如果没有良好的屏蔽，数字信号会产生错误。一般采用以下原则：当电缆长度大于工作信号波长的0.15倍时，采用工作信号波长的0.15倍的间隔多点接地的方式。如果不能实现，则至少将屏蔽层两端接地。

(3)系统的屏蔽层接地。当整个系统需要抵抗外界电磁干扰或需要防止系统对外界产生电磁干扰时，应将整个系统屏蔽起来，并将屏蔽体接到系统地上，如计算机的机箱、敏感电子仪器、某些仪表的机壳等。

5. 设备接地

在计算机控制系统中，可能有多种接地设备或电路，如低电平的信号电路(如高频电路、数字电路、小信号模拟电路等)、高电平的功率电路(如供电电路、继电器电路等)。这些较复杂的设备接地一般要遵循以下原则。

(1)50Hz电源零线应接到安全接地螺栓处，对于独立的设备，安全接地螺栓设在设备金属外壳上，并有良好电气连接。为防止机壳带电，危及人身安全，绝对不允许用电源零线作为地线(代替机壳地线)。

(2)为防止高电压、大电流和强功率电路(如供电电路、继电器电路等)对低电压电路(如高频电路、数字电路、模拟电路等)的干扰，一定要将它们分开接地，并保证接地点之间的距离。高电压、大电流和强功率电路为功率地(强电地)，低电压电路为信号地(弱电地)，信号地分为数字地和模拟地，数字地与模拟地要分开接地，最好采用单独电源供电并分别接地，信号地线应与功率地线和机壳地线相绝缘。

二、计算机控制系统输入环节的接地

在计算机控制系统的输入环节中，传感器、变送器、放大器通常采用屏蔽罩，而信号的传送往往采用屏蔽线。屏蔽层的接地采用单点接地的原则。输入信号源的地有接地和浮地两种情况，相应的接地电路也有两种情况。如图 4-13(a)所示为信号源接地，而接收端放大器浮地，则屏蔽层应在信号源端接地。而图 4-13(b)所示的却相反，信号源浮地，接收端接地，则屏蔽层应在接收端接地。这样单点接地是为了避免在屏蔽层与地之间的回路电流通过屏蔽层与信号线间的电容而产生对信号线的干扰。一般输入信号比较小，而模拟信号又容易接受干扰，因此，输入环节的接地和屏蔽应格外重视。特别是对于高增益的放大器，还要将屏蔽层与放大器的公共端连接，以消除寄生电容产生的干扰。

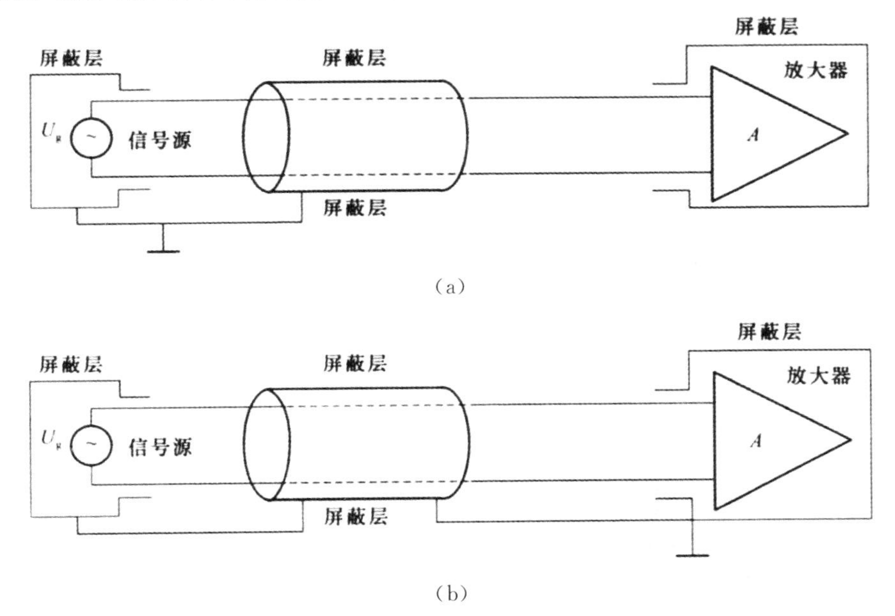

图 4-13 输入环节的接地方式

(a)信号源接地(b)信号源浮地

三、主机系统的接地

将计算机本身接地也是防止干扰的一种措施，下面举例说明控制系统主机通常采用的接地方式。

1. 主机一点接地

计算机控制系统的主机架内采用分别回流法接地方式。主机与外部设备各地的连接采用一点接地技术，如图 4-14 所示。为了避免与地面接触，各机柜用绝缘板铺垫。

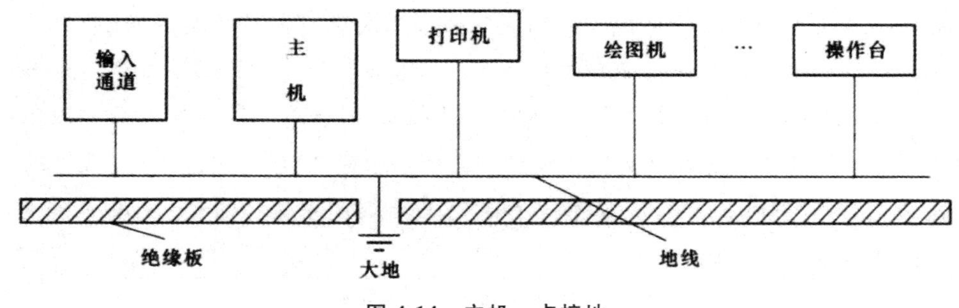

图 4-14　主机一点接地

2. 主机外壳接地，机芯浮空

为了提高计算机的抗干扰能力，将主机外壳当作屏蔽罩接地，而机芯内器件架空，与外壳绝缘隔离，绝缘电阻大于 50Mn，即机内信号地浮空，如图 4-15 所示。这种方法安全可靠，抗干扰能力强，但制造工艺复杂。

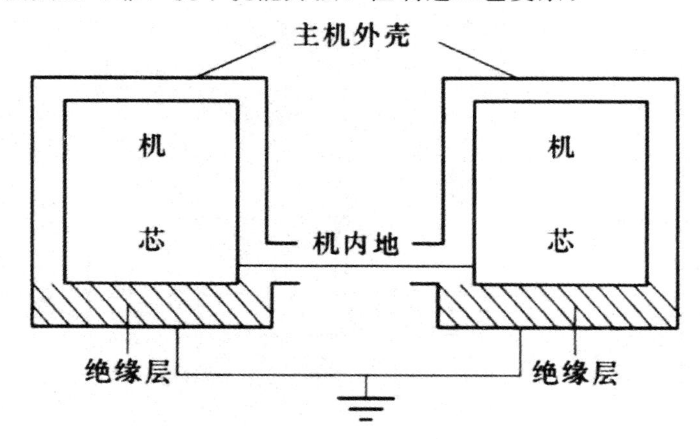

图 4-15　主机外壳接地，机芯浮空

3. 多机系统的接地

在多台计算机进行资源共享的计算机网络系统中，如果接地不合理，整个系统将无法正常工作。在一般情况下，采用的接地方式视各计算机之间的距离而定。如果网络中各计算机之间的距离较近，则采用多机一点接地方法；如果距离较远，则多台计算机之间进行数据通信时，其地线必须隔离，如采用变压器隔离、光电隔离等。

第四节　供电技术

计算机控制系统的工作电源一般是直流电源，但供电电源却是交流电源。电网电压和频率的波动会影响供电的质量，而电源的可靠性和稳定性对控制系统的正常运行起着决定性的作用。因此，如何保证电源的可靠性和稳定性(也就是使电源系统能抗干扰)是一个非常重要的课题。

目前的计算机控制系统常用的供电结构如图 4-16 所示。

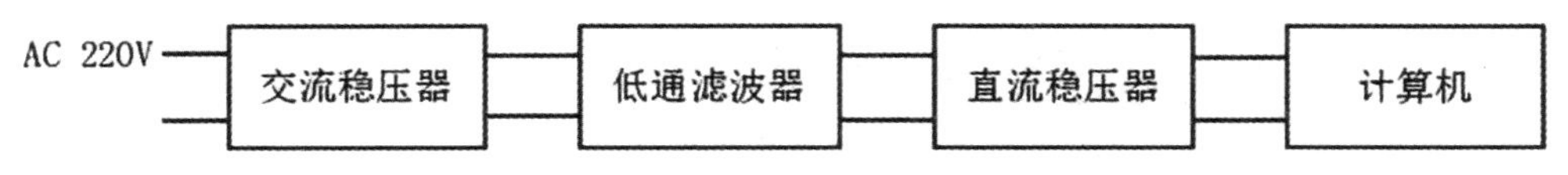

图 4-16　计算机控制系统常用的供电结构

从供电结构图中可以简单地将供电系统分为交流电源环节和直流电源环节，提高供电系统的可靠性和稳定性时，可针对以上两个环节采用不同的抗干扰措施。

一、交流电源环节的抗干扰技术

理想的交流电源频率应该是 50Hz 的正弦波，但是事实上，由于负载的变动，特别是像电动机、电焊机等设备的启停都会造成电源电压比较大幅度的波动，严重时会使电源正弦波上出现较高瞬时值的尖峰脉冲。这种脉冲容易造成计算机的死机，甚至损坏硬件，对系统的危害很大。对此，可以考虑采用以下方法解决。

(1)选用供电较为稳定的交流电源。计算机控制系统的电源进线要尽量选用比较稳定的交流电源线，至少不要将控制系统接到负载变化大、功率器件多或者有高频设备的电源上。

(2)利用干扰抑制器消除尖峰干扰。干扰抑制器使用简单，它是一种四端网络，目前已有产品出售。

(3)通过采用交流稳压器和低通滤波器稳定电网电压。采用交流稳压器是为了抑制电网电压的波动，提高计算机控制系统的稳定性，交流稳压器能把输出波形畸变控制在 5%以内，还可以对负载短路起限流保护作用。低通滤波器是为了滤除电网中混杂的高频干扰信号，保证 50Hz 基波通过。

(4)利用不间断电源保证不间断供电。电网瞬间断电或电压突然下降等会使计算机陷入混乱状态，这是可能产生严重事故的恶性干扰。对于要求较高的计算机控制系统，可以采用不间断电源(UPS)供电。

在正常情况下交流电网通过交流稳压器、切换开关、直流稳压器向计算机系统供电，同时交流电网也给电池组充电。所有的不间断电源设备都装有一个或一组电池和传感器。如果交流供电中断，则系统的断电传感器检测到断电后，就会通过控制器将供电通路在极短的时间内切换到电池组，从而保证计算机控制系统不停电。这里逆变器能把电池直流电压逆变成具有正常电压频率和幅值的交流电压，具有稳压和稳频的双重功能，提高了供电质量。

二、直流电源环节的抗干扰技术

直流电源环节是经过交流电源环节转换而来的，为了进一步抑制来自电源方面的干扰，一般在直流电源环节也要采取一些抗干扰措施。

1. 对交流电源变压器加以屏蔽

把交流高压转化为直流低压的首要设备就是交流电源变压器，因此对交流电源变压器设置合理的静电屏蔽和电磁屏蔽是一种十分有效的抗干扰措施。通常将交流电源变压器的原级、副级分别加以屏蔽，原级的屏蔽层与铁芯同时接地。在要求更高的场合，可在层间也加上屏蔽的结构。

2. 采用直流开关电源

直流开关电源即采用功率器件获得直流电的电源，为脉宽调制型电源，通常脉冲频率可达20kHz，具有体积小、重量轻、效率高、电网电压变化大以及电网电压变化时不会输出过电压或欠电压、输出电压保持时间长等优点。并关电源原级、副级之间具有较好的隔离，对于交流电网上的高频脉冲干扰有较强的隔离能力。

3. 采用DC-DC变换器

如果系统供电电源不够稳定或者对直流电源的质量要求较高，可以采用DC-DC变换器，将一种电压值的直流电源变换成另一种电压值的直流电源。DC-DC变换器具有体积小、性能价格比高、输入电压范围大、输出电压稳定以及对环境温度要求低等优点。

4. 为各电路设置独立的直流电源

较为复杂的计算机控制系统往往设计了多块功能电路板，为了防止板与板之间的相互干扰，可以对每块板设置独立的直流电源，从而分别供电。在每块板上安装 1～2 块集成稳压块来组成稳压电源，每个功能电路板单独进行过电流保护，这样即使某个稳压块出现故障，整个系统也不会遭到破坏，而且减少了公共阻抗的相互耦合，大大提高了供电的可靠性，也有利于电源散热。

第五章 计算机与人工智能

人工智能(artificial intelligence，AI)是现在非常流行的一门技术。目前已渗透到人类社会的各个方面，并逐步改变着人们的学习、工作和生活方式。人工智能是计算机科学的一个分支，它企图了解智能的实质，并生产出一种新的能以与人类智能相似的方式做出反应的智能机器。该领域的研究包括机器人、语言识别、图像识别、自然语言处理和专家系统等。人工智能可以对人的意识、思维的信息过程进行模拟。人工智能不是人的智能，但能像人那样思考，也可能超过人的智能。本章主要对人工智能做一些简单的介绍，包括基本概念、基本内容、发展历史和研究应用领域等。

第一节　人工智能概述

人工智能的定义可以分为两部分，即“人工”和“智能”。

“人工”比较好理解，顾名思义就是人力所能及制造的。

“智能”是对人类智能或自然智能的简称。我们从脑科学的层次结构上来理解“智能”的概念。人类智能总体上可分为高、中、低3个层次，不同层次的智能活动由不同的神经系统来完成。其中，高层智能以大脑皮层为主，大脑皮层又称为抑制中枢，主要完成记忆、思维等活动；中层智能以丘脑为主，也称为感觉中枢，主要完成感知活动；低层智能以小脑、脊髓为主，主要完成动作反应活动。

“智能”包含以下能力。

(1)感知能力。感知能力是指人们通过感觉器官感知外部世界的能力。它是人类最基本的生理、心理现象，也是人类获取外界信息的基本途径。人类对感知到的外界信息，通常有两种不同的处理方式：一种是对简单或紧急情况，可不经大脑思索，直接由低层智能做出反应；另一种是对复杂情况，一定要经过大脑的思维，然后才能做出反应。

(2)记忆与思维能力。记忆与思维是人脑最重要的功能，也是人类智能最主要的表现形式。记忆是对感知到的外界信息或由思维产生的内部知识的存储过程。思维是对所存储的信息或知识的本质属性、内部规律等的认识过程。人类基本的思维方式有抽象思维、形象思维和灵感思维。

(3)学习和自适应能力。学习是一个具有特定目的的知识获取过程。学习和自适应是人类的一种本能，一个人只有通过学习，才能增加知识、提高能力、适应环境。尽管不同的人在学习方法、学习效果等方面有较大差异，但学习却是每个人都具有的一种基本能力。

(4)决策和行为能力。行为能力是指人们对感知到的外界信息做出动作反应的能力。引起动作反应的信息可以是由感知直接获得的外部信息，也可以是经过思维加工后的内部信息。完成动作反应的过程，一般通过脊髓来控制，并由语言、表情、体姿等来实现。

综上所述，我们可以给出智能的一个一般解释：智能是人类在认识客观世界的过程中，由思维过程和脑力活动所表现出来的综合能力。

什么是人工智能？顾名思义是人造的智能。如果智能能够被严格定义，那么人工智能也就容易被定义了。但从以上分析可知，其前提并不成立，因此人工智能还无法被形式化定义。尽管如此，在人工智能诞生的50多年里，人们还是从不同方面给出了一些不同的解释。

其中，较具代表性的是从类人、理性、思维、行为这4个方面给出的定义方法。

(1)类人行为方法。类人行为方法也称为图灵测试方法，它是一种基于人类自身的智能去定义一个机器或系统是否具有智能的方法。其典型代表是库兹韦勒(Kurzweil)① 于1990年提出的定义：人工智能是一种创建机器的技艺，这种机器能够执行那些需要人的智能才能完成的功能。

(2)类人思维方法。类人思维方法也称为认知模型方法，它是一种基于人类思维工作原理的可检测理论来定义智能的方法。其典型代表是贝尔曼(Bellman)② 于1987年提出的定义：人工智能是那些与人的思维、决策、问题求解和学习等有关的活动的自动化。

(3)理性思维方法。理性思维方法也称为思维法则方法，它是一种基于逻辑推理来定义智能的方法，其典型的代表是查尼艾克(E. Charniak)和麦克德莫特(D. McDermott)③ 于1985年提出的定义：人工智能是通过计算模型的使用来进行心智能力研究的。

(4)理性行为方法。理性行为方法也称为理性智能体方法。其典型代表是尼尔森(N. J. Nilsson)④ 于1998年提出的定义：人工智能关心的是人工制品中的智

①②③④史忠植 王文杰 马慧芳．人工智能60年简史[EB/OL]．https：//blog.51cto.com/u_15143384/5292281，2022-5-14.

能行为。这里的人工制品主要是指能够感知环境、适应变化、自主操作、执行动作的理性智能体。按照这种方法，可以认为人工智能就是研究和建造理性智能体。综上所述，我们可以得出人工智能是研究、开发用于模拟、延伸和扩展人的智能的理论、方法、技术及应用系统的一门新的技术科学。[①]

第二节　人工智能的发展史

人工智能诞生 50 多年来，走过了一条坎坷和曲折的发展道路。回顾历史，我们可以按照人工智能在不同时期的主要特征，将其产生与发展过程分为孕育期、形成期、知识应用期、从学派分立走向综合、智能科学技术学科的兴起 5 个阶段。

一、孕育期

自远古以来，人类就有着用机器代替人进行脑力劳动的幻想。早在公元前 900 多年，我国就有歌舞机器人传说的记载。到公元前 85 年，古希腊也有了制造机器人帮助人们劳动的神话传说。此后，在世界上的许多国家和地区也都出现了类似的民间传说或神话故事。为追求和实现人类的这一美好愿望，很多科学家都付出了艰辛的劳动和不懈的努力。人工智能可以在顷刻间诞生，而孕育这个学科却需要经历一个相当漫长的历史过程。

从古希腊伟大的哲学家亚里士多德(Aristotle，公元前 384—公元前 322)创立演绎法，到德国数学和哲学家莱布尼茨(G. W. Leibnitz，1646—1716)奠定数理逻辑的基础，再从英国数学家图灵(A. M. Turing，1912—1954)于 1936 年创立图灵机模型，到美国数学家、电子数字计算机先驱莫克利(J. W. Mauchly，1907—1980)等于 1946 年成功研制世界上第一台通用电子计算机……这些都为人工智能的诞生奠定了重要的思想理论和物质技术基础。

此外，1943 年，美国神经生理学家麦卡洛克(W. Mcculloch)和皮茨(W. Pitts)一起研制出了世界上第一个人工神经网络模型(MP 模型)，开创了以仿生学观点和结构化方法模拟人类智能的途径；1948 年，美国著名数学家威纳

① 杨智蛟．基于意义理解的问答系统设计与实现[D]．华中科技大学，2010.

(N. Wiener，1874—1956)创立了控制论，为以行为模拟观点研究人工智能奠定了理论和技术基础；1950 年，图灵又发表题为“计算机能思维吗?”的著名论文，明确提出了“机器能思维”的观点。至此，人工智能的雏形已初步形成，人工智能的诞生条件也已基本具备。通常，人们把这一时期称为人工智能的孕育期。

二、形成期

人工智能诞生于一次历史性的聚会。为使计算机变得更“聪明”，或者说使计算机具有智能，1956 年夏季，当时达特茅斯大学的年轻数学家、计算机专家麦卡锡(J. Mc Carthy，后为 MT 教授)和他的 3 位朋友，哈佛大学数学家、神经学家明斯基(M. L. Minsky，后为 MIT 教授)、IBM 公司信息中心负责人洛切斯特(N. Lochester)、贝尔实验室信息部数学研究员香农(C. E. Shannon)共同发起了一场在美国达特茅斯大学举行的为期两个月的夏季学术研讨会，并邀请了 IBM 公司的莫尔(T. More)和塞缪尔(A. L. Samuel)、MIT 的塞尔弗里奇(O. Selfridge)和索罗蒙夫(R. Solomonff)，以及兰德(RAND)公司和卡内基工科大学的纽厄尔(A. Newell)和西蒙(H. A. Simon)。这 10 位美国数学、神经学、心理学、信息科学和计算机科学方面的杰出青年科学家，在一起共同学习和探讨了用机器模拟人类智能的有关问题，并由麦卡锡提议正式采用了“人工智能”这一术语。从而，一个以研究如何用机器来模拟人类智能的新兴学科——人工智能诞生了。

在人工智能诞生以后的十多年中，很快就在定理证明、问题求解、博弈等领域取得了重大突破。通常，人们把 1956 年至 1970 年这段时间称为人工智能的形成期，也有人称为高潮时期。在这一时期所取得的主要研究成果如下。

1956 年，塞缪尔成功研制了具有自学习、自组织和自适应能力的西洋跳棋程序，该程序于 1959 年击败了塞缪尔本人，于 1962 年击败了一个州冠军。1957 年，纽厄尔、肖(J. Shaw)和西蒙等的心理学小组研制了一个称为逻辑理论机(logic theory machine，LT)的数学定理证明程序，开创了用计算机研究人类思维活动规律的工作。1965 年，鲁滨孙(J. A. Robinson)提出了归结(消解)原理。1968 年，美国斯坦福大学费根鲍姆(E. A. Feigenbaum)领导的研究小组成功研制了化学专家系统 DENDRAL。此外，在人工神经网络方面，1957 年，罗森布拉特(F. Rosenblatt)等研制了感知器(perceptron)，利用感知器可进行简单的文字、图像、声音识别。

三、知识应用期

正当人们在为人工智能所取得的成就而高兴的时候，人工智能却遇到了许多困难，遭受了很大的挫折。然而，在困难和挫折面前，人工智能的先驱者们并没有退缩，他们在反思中认真总结了人工智能发展过程中的经验教训，从而又开创了一条以知识为中心、面向应用开发的研究道路。使人工智能又进入了一条新的发展道路。通常，人们把从1971年到20世纪80年代末期这段时间称为人工智能的知识应用期，也有人称为低潮时期。

（一）挫折和教训

人工智能在经过形成时期的快速发展之后，很快就遇到了许多麻烦。

(1)在博弈方面，塞缪尔的下棋程序在与世界冠军对弈时，5局中败了4局。

(2)在定理证明方面，发现鲁滨孙归结法的能力有限。当用归结原理证明两个连续函数之和不是连续函数时，推了10万步也没证出结果。

(3)在机器翻译方面，原来人们以为只要有一本双解字典和一些语法知识就可以实现两种语言的互译，但后来发现并没那么简单，甚至会闹出笑话。例如，把“心有余而力不足”的英语句子“The spirit is willing but the flesh is weak”翻译成俄语，然后再翻译回来时竟变成了“酒是好的，肉变质了”，即英语句子为“The wine is good but the meat is spoiled”。

(4)在神经网络方面，神经生理学研究发现在现有技术条件下用机器从结构上模拟人脑是根本不可能的，并且，明斯基于1969年出版的专著*Perceptrons*指出了感知器模型存在的严重缺陷，致使人工神经网络的研究落入低潮。

在其他方面，人工智能也遇到了各种问题。一些西方国家的人工智能研究经费被削减，研究机构被解散，全世界范围内的人工智能研究陷入困境、跌入低谷。

值得庆幸的是，在这种极其困难的环境下，仍有一大批人工智能学者不畏艰辛、潜心研究。他们在认真总结前一阶段研究工作的经验教训的同时，从费根鲍姆以知识为中心开展人工智能研究的观点中找到了新的出路。

（二）以知识为中心的研究

科学的真谛总是先由少数人创造出来的。早在20世纪60年代中期，当大多数人工智能学者正热衷于对博弈、定理证明、问题求解等进行研究时，专家系统这一个重要研究领域也开始悄悄地孕育。正是由于专家系统的萌芽，才使得人工智能能够在后来遇到的困难和挫折中很快找到前进的方向，又迅速地再度兴起。

专家系统(expert system，ES)是一个具有大量专门知识，并能够利用这些知识去解决特定领域中需要由专家才能解决的那些问题的计算机程序。专家系统实现了人工智能从理论研究走向实际应用，从一般思维规律探讨走向专门知识运用的重大突破，是人工智能发展史上一次重要的转折。

在专家系统方面，国际上最著名的两个专家系统分别是1976年费根鲍姆领导研制成功的专家系统MYCIN和1981年斯坦福大学国际人工智能中心杜达(R. D. Duda)等研制成功的地质勘探专家系统PROSPECTOR。例如，MYCIN专家系统可以识别51种病菌，能正确使用23种抗生素，能协助内科医生诊断、治疗因细菌感染引起的疾病。

伴随着专家系统的发展，人们在知识表示、不确定性推理、人工智能语言和专家系统开发工具等方面也取得了重大进展。例如，1974年，明斯基提出的框架理论；1975年，绍特里夫(E. H. Shortliffe)提出并在MYCIN中应用的确定性理论；1976年，杜达提出并在PROSPECTOR中应用的主观贝叶斯方法等。

在此基础上，费根鲍姆于1977年在第5届国际人工智能联合会议上，正式提出了知识工程(knowledge engineering，KE)的概念，进一步推动了基于知识的专家系统及其他知识工程系统的发展。

在这一时期，与专家系统同时发展的重要领域还有计算机视觉、机器人、自然语言理解和机器翻译等，同时，一直处于低谷的人工神经网络也开始慢慢复苏。1982年，霍普菲尔特(J. Hopfield)提出了一种新的全互联型人工神经网络，成功地解决了“旅行商”问题。1986年，鲁梅尔哈特(D. Rumelhart)等研制出了具有误差反向传播(error backpropagation，BP)功能的多层前馈网络，简称BP网络，实现了明斯基关于多层网络的设想。

四、从学派分立走向综合

随着神经网络的再度兴起，1987年，在美国召开的第1届神经网络国际会议上甚至有人喊出了“神经网络万岁，人工智能死了”的口号。另一方面，美国MIT的布鲁克斯(R. A. Brooks)教授于1991年研制出了一个机器虫，并提出了智能的感知动作模式和智能不需要表示、不需要推理的观点。一时间，人工智能研究形成了以专家系统为标志的符号主义学派、以神经网络为标志的联结主义学派和以感知动作模式为标志的行为主义学派三派分立的局面。

在这种背景下，三大学派激烈争论、独自发展，各自走出了一段研究道路和成长历史。但是，随着研究和应用的深入，人们又逐步发现，这三大学派只不过是基于的理论不同，采用的模拟方法不同，因而所模拟的能力不同，其实各有所长，各有所短，应该相互结合、取长补短、综合集成。人们通常把 20 世纪 80 年代末期到 21 世纪初期的这段时间称为从学派分立走向综合的时期。

五、智能科学技术学科的兴起

21 世纪初以来，一个以人工智能为核心，以自然智能、人工智能、集成智能和协同智能为一体的新的智能科学技术学科正在逐步兴起，并引起了人们的极大关注。所谓集成智能是指自然智能与人工智能通过协调配合所集成的智能；所谓协同智能是指个体智能相互协调所涌现的群体智能。智能科学技术学科研究的主要特征包括以下几个方面。

(1)由对人工智能的单一研究走向以自然智能、集成智能为一体的协同智能研究。

(2)由人工智能学科的独立研究走向重视与脑科学、认知科学等学科的交叉研究。

(3)由多个不同学派的分立研究走向多学派的综合研究。

(4)由对个体、集中智能的研究走向对群体、分布智能的研究。

第三节　人工智能的研究目标

关于人工智能的研究目标，目前还没有一个统一的说法。从研究的内容出发，李文特和费根鲍姆提出了人工智能的 9 个最终目标。

一、理解人类的认识

此目标研究人类如何进行思维，而不是研究机器如何工作。要尽量深入了解人的记忆、问题求解能力、学习的能力和一般的决策等过程。

二、有效的自动化

此目标是在需要智能的各种任务上用机器取代人，其结果是要建造执行起来和人一样好的程序。

三、有效的智能拓展

此目标是建造思维上的弥补物，有助于人们的思维更富有成效、更快、更深刻、更清晰。

四、超人的智力

此目标是建造超过人的性能的程序。如果越过这一知识阈值，就可以导致进一步地增殖，如制造行业上的革新、理论上的突破、超人的教师和非凡的研究人员等。

五、通用问题求解

此目标的研究可以使程序能够解决或至少能够尝试其范围之外的一系列问题，包括过去从未听说过的领域。

六、连贯性交谈

此目标类似于图灵测试，它可以令人满意地与人交谈。交谈使用完整的句子，而句子是用某一种人类的语言。

七、自治

此目标是一系统，它能够主动地在现实世界中完成任务。它与下列情况形成对比：仅在某一抽象的空间做规划，在一个模拟世界中执行，建议人去做某种事情。该目标的思想是：现实世界永远比人们的模型要复杂得多，因此它才成为测试所谓智能程序的唯一公正的手段。

八、学习

此目标是建造一个程序，它能够选择收集什么数据和如何收集数据。然后再进行数据的收集工作。学习是将经验进行概括，成为有用的观念、方法、启发性

知识，并能以类似方式进行推理。

九、存储信息

此目标就是要存储大量的知识，系统要有一个类似于百科词典式的，包含广泛范围知识的知识库。

要实现这些目标，需要同时开展对智能机理和智能构造技术的研究。即使对图灵所期望的那种智能机器，尽管它没有提到思维过程，但要真正实现这种智能机器，却同样离不开对智能机理的研究。因此，揭示人类智能的根本机理，用智能机器去模拟、延伸和扩展人类智能应该是人工智能研究的根本目标，或者叫远期目标。

人工智能研究的远期目标是要制造智能机器。具体来讲，就是要使计算机具有看、听、说、写等感知能力和交互功能，具有联想、推理、理解、学习等高级思维能力，还要有分析问题、解决问题和发明创造的能力。简言之，也就是使计算机像人一样具有自动发现规律和利用规律的能力，或者说具有自动获取知识和利用知识的能力，从而扩展和延伸人的智能。

人工智能的远期目标涉及脑科学、认知科学、计算机科学、系统科学、控制论及微电子等多种学科，并有赖于这些学科的共同发展。但从目前这些学科的现状来看，实现人工智能的远期目标还需要有一个较长的时期。

人工智能研究的近期目标是实现机器智能，是研究如何使现有的计算机更聪明，即先部分地或某种程度地实现机器的智能，从而使现有的计算机更灵活、更好用和更有用，成为人类的智能化信息处理工具，使它能够运用知识去处理问题，能够模拟人类的智能行为，如推理、思考、分析、决策、预测、理解、规划、设计和学习等。为了实现这一目标，人们需要根据现有计算机的特点，研究实现智能的有关理论、方法和技术，建立相应的智能系统。

实际上，人工智能的远期目标与近期目标是相互依存的。远期目标为近期目标指明了方向，而近期目标则为远期目标奠定了理论和技术基础。同时，近期目标和远期目标之间并无严格界限，近期目标会随人工智能研究的发展而变化，并最终达到远期目标。

需指出的是，人工智能的远期目标虽然现在还不能全部实现，但在某些侧面，当前的机器智能已表现出相当高的水平。例如，在机器博弈、机器证明、识别和控制等方面，当前的机器智能的确已达到或接近了能同人类抗衡和媲美的水平。下面的两例可见一斑：

1995年，美国研制的自动汽车(即智能机器人驾驶的汽车)，在高速公路上以55km/h的速度，从美国的东部一直开到西部，其中98.8%的操作都是由机器自动完成的。1997年5月3日至11日，IBM公司的深蓝巨型计算机与蝉联12年之久的世界象棋冠军卡斯帕罗夫进行了6场比赛，厮杀得难分难解。在决定胜负的最后一局比赛中，深蓝以不到1h的时间，在第19步棋就轻易逼得卡斯帕罗夫俯首称臣，从而以3.5分比2.5分的总成绩取得胜利。

总之，无论是人工智能研究的近期目标，还是远期目标，摆在人们面前的任务异常艰巨，还有一段很长的路要走。在人工智能的基础理论和物理实现上，还有许多问题要解决。当然，仅仅只靠人工智能工作者是远远不行的，还应该聚集诸如心理学家、逻辑学家、数学家、哲学家、生物学家和计算机科学家等，依靠群体的共同努力，去实现人类梦想的“第2次知识革命”。

第四节　人工智能的研究领域

如今，人工智能普遍存在于人们的生活中，人工智能已经成了一个极具价值的学术标签和商业标签，并在科技进步和社会发展中扮演着越来越重要的角色。面对人工智能这样一个高度交叉的新兴学科，其研究和应用领域的划分可以有多种不同方法。为能给读者一个更清晰的人工智能的概念，这里采用了基于智能本质和作用的划分方法，即从机器思维、机器感知、机器行为、机器学习、计算智能、分布智能、智能系统等方面来进行讨论。

一、机器思维

机器思维主要模拟人类的思维功能。在人工智能中，与机器思维有关的研究主要包括推理、搜索、规划等。

(一)推理

推理是人工智能中的基本问题之一。所谓推理是指按照某种策略，从已知事实出发，利用知识推出所需结论的过程。对机器推理，可根据所用知识的确定性，将其分为确定性推理和不确定性推理两大类型。所谓确定性推理是指推理所使用的知识和推出的结论都是可以精确表示的，其真值要么为真，要么为假。所谓不确定性推理是指推理所使用的知识和推出的结论可以是不确定的。所谓不确定性是对非精确性、模糊性和非完备性的统称。

推理的理论基础是数理逻辑。常用的确定性推理方法包括产生式推理、自然演绎推理、归结演绎推理等。由于现实世界中的大多数问题是不能被精确描述的，因此确定性推理能解决的问题很有限，更多的问题应该采用不确定性推理方法来解决。

不确定性推理的理论基础是非经典逻辑和概率等。非经典逻辑是泛指除一阶经典逻辑之外的其他各种逻辑，如多值逻辑、模糊逻辑、模态逻辑、概率逻辑、默认逻辑等。最常用的不确定推理方法有基于可信度的确定性理论、基于改进的 Bayes 公式的主观 Bayes 方法、基于概率的证据理论和基于模糊逻辑的可能性理论等。

（二）搜索

搜索也是人工智能中的基本问题之一。所谓搜索是指为了达到某一目标，不断寻找推理线路，以引导和控制推理，使问题得以解决的过程。对于搜索，可根据问题的表示方式将其分为状态空间搜索和与/或树搜索两大类型。其中，状态空间搜索是一种用状态空间法求解问题的搜索方法；与/或树搜索是一种用问题归约法求解问题的搜索方法。

对搜索问题，人工智能最关心的是如何利用搜索过程所得到的那些有助于尽快达到目标的信息来引导搜索过程，即启发式搜索方法，包括状态空间的启发式搜索方法和与/或树的启发式搜索方法等。

博弈是一个典型的搜索问题。到目前为止，人们对博弈的研究还主要是以下棋为对象，其典型代表是 IBM 公司研制的 IBM 超级计算机“深蓝”和“小深”与国际象棋世界冠军对弈。当然，国内有关学者也正在积极研究中国象棋的机器博弈。例如，2006 年 8 月在北京举行的首届中国象棋人机大战中，计算机棋手以 3 胜 5 平 2 负的微弱优势战胜了国内的象棋大师。

其实，机器博弈的研究目的并不完全是为了让计算机与人下棋，主要是为了给人工智能研究提供一个试验场地，同时也为了证明计算机具有智能。试想，连国际象棋世界冠军都能被计算机战败或者难分胜负，可见计算机已具备较高的智能水平。

（三）规划

规划是一种重要的问题求解技术，它是对从某个特定问题状态出发，寻找并建立一个操作序列，直到求得目标状态为止的一个行动过程的描述。与一般问题求解技术相比，规划更侧重于问题求解过程，并且要解决的问题一般是真实世界的实际问题，而不是抽象的数学模型问题。

比较完整的规划系统是斯坦福研究所问题求解系统（stanford research institute problem solver，STRIPS）。它是一种基于状态空间和F规则的规划系统。所谓F规则，是指以正向推理使用的规则。整个STRIPS系统由3部分组成：世界模型、操作符（即F规则）和操作方法。世界模型用一阶谓词公式表示，包括问题的初始状态和目标状态。操作符包括先决条件、删除表和添加表。其中，先决条件是F规则能够执行的前提条件；删除表和添加表是执行一条F规则后对问题状态的改变，删除表包含的是要从问题状态中删去的谓词，添加表包含的是要在问题状态中添加的谓词。操作方法采用状态空间表示和中间结局分析的方法。其中，状态空间包括初始状态、中间状态和目标状态；中间结局分析是一个迭代过程，它每次都选择能够缩小当前状态与目标状态之间的差距的先决条件可以满足的F规则执行，直至达到目标为止。

二、机器感知

机器感知作为机器获取外界信息的主要途径，是机器智能的重要组成部分。下面主要介绍机器视觉、模式识别和自然语言处理。

（一）机器视觉

机器视觉是一门用计算机模拟或实现人类视觉功能的研究领域。其主要目标是让计算机具有通过二维图像认知三维环境信息的能力。这种能力不仅包括对三维环境中物体形状、位置、姿态、运动等几何信息的感知，还包括对这些信息的描述、存储、识别与理解。

视觉是人类各种感知能力中最重要的一部分。在人类感知到的外界信息中，约有80%以上是通过视觉得到的，正如一句俗话所说："百闻不如一见。"人类对视觉信息获取、处理与理解的大致过程是：人们视野中的物体在可见光的照射下，先在人眼的视网膜上形成图像，再由感光细胞转换成神经脉冲信号，经神经纤维传入大脑皮层，最后由大脑皮层对其进行处理与理解。可见视觉不仅指对光信号的感受，它还包括了对视觉信息的获取、传输、处理、存储与理解的全过程。

目前，计算机视觉已在人类社会的许多领域得到了成功应用。例如，在图像识别领域有指纹识别、染色体识别、字符识别等；在航天与军事领域有卫星图像处理、飞行器跟踪、成像精确制导、景物识别、目标检测等；在医学领域有CT图像的脏器重建、医学图像分析等；在工业方面有各种监测系统和监控系统等。

（二）模式识别

模式识别(pattern recognition)是人工智能较早的研究领域之一。“模式”一词的原意是指供模仿用的完美无缺的一些标本。在日常生活中，我们可以把那些客观存在的事物形式称为模式。例如，一幅画、一处景物、一段音乐、一幢建筑等。在模式识别理论中，通常把对某一事物所做的定量或结构性描述的集合称为模式。

所谓模式识别就是让计算机能够对给定的事物进行鉴别，并把它归入与其相同或相似的模式中。其中，被鉴别的事物可以是物理的、化学的、生理的，也可以是文字、图像、声音等。为了能使计算机进行模式识别，通常需要给它配上各种感知器官，使其能够直接感知外界信息。模式识别的一般过程是先采集待识别事物的模式信息，然后对其进行各种变换和预处理，从中抽出有意义的特征或基元，得到待识别事物的模式，然后再与机器中原有的各种标准模式进行比较，完成对待识别事物的分类识别，最后输出识别结果。

根据给出的标准模式的不同，模式识别技术可有多种不同的识别方法。其中，经常采用的方法有模板匹配法、统计模式法、模糊模式法、神经网络法等。

模板匹配法是把机器中原有的待识别事物的标准模式看成一个典型模板，并把待识别事物的模式与典型模板进行比较，从而完成识别工作。

统计模式法是根据待识别事物的有关统计特征构造出一些彼此存在一定差别的样本，并把这些样本作为待识别事物的标准模式，然后利用这些标准模式及相应的决策函数对待识别事物进行分类识别。

模糊模式法是模式识别的一种新方法，它是建立在模糊集理论基础上的，用来实现对客观世界中那些带有模糊特征的事物的识别和分类。

神经网络法是把神经网络与模式识别相结合所产生的一种新方法。这种方法在进行识别之前，首先需要用一组训练样例对网络进行训练，将连接权值确定下来，然后才能对待识别事物进行识别。

（三）自然语言处理

自然语言是人类进行信息交流的主要媒介，也是机器智能的一个重要标志，但由于它的多义性和不确定性，使得人类与计算机系统之间的交流还主要依靠那种受严格限制的非自然语言。自然语言处理（natural language processing）就是要研究人类与计算机之间进行有效交流的各种理论和方法，其研究领域主要包括自然语言理解、机器翻译及语音处理。自然语言理解（natural language understanding）主要研究如何使计算机能够理解和生成自然语言。它可分为书面语言理解和声音语言理解两大类。其中，书面语言理解的过程包括词法分析、句法分析、语义分析和语用分析 4 个阶段；声音语言理解的过程在上述 4 个阶段之前需要先进行语音处理。自然语言理解的主要困难在语音分析阶段，原因是它涉及上下文知识，需要考虑语境对语言的影响。

语音处理（speech processing）就是要让计算机能够听懂人类的语言。语音处理的基本过程是，先从声波分析开始，抽取与构成单词的发音单元相关的特征，然后在单词识别阶段利用模型将已提出的发音单元序列与单词序列进行匹配。

机器翻译（machine translation）是要用计算机把一种语言翻译成另外一种语言。尽管自然语言理解、语音处理和机器翻译都已取得了很多进展，但离计算机完全理解人类自然语言的目标还相距甚远。自然语言理解的研究不仅对智能人机接口有着重要的实际意义，还对不确定性人工智能的研究具有重大的理论价值。

三、机器行为

机器行为既是智能机器作用于外界环境的主要途径，也是机器智能的重要组成部分。机器行为的研究内容较多，这里主要介绍智能控制、智能制造。

（一）智能控制

智能控制（intelligent control）是指那种无须或需要尽可能少的人工干预，就能独立地驱动智能机器，实现其目标的控制过程。它是一种把人工智能技术与传统自动控制技术相结合，研制智能控制系统的方法和技术。

智能控制系统是指能够实现某种控制任务，具有自学习、自适应和自组织功能的智能系统。从结构上，它由传感器、感知信息处理模块、认知模块、规划与控制模块、执行器、通信接口模块等主要部件组成。其中，传感器用于获取被控制对象的现场信息；感知信息处理模块用于处理由传感器获得的原始控制信息；认知模块根据感知信息处理模块送来的当前控制信息，利用控制知识和经验进行分析、推理和决策；规划与控制模块根据给定的任务要求和认知模块的决策完成控制动作规划；执行器根据规划与控制模块提供的动作规划去完成相应的动作；通信接口模块实现人机之间的交互和系统中各模块之间的联系。

目前，常用的智能控制方法主要包括模糊控制、神经网络控制、分层递阶智能控制、专家控制和学习控制等。智能控制的主要应用领域包括智能机器人系统、计算机集成制造系统(CIMS)、复杂工业过程的控制系统、航空航天控制系统、社会经济管理系统、交通运输系统、环保及能源系统等。

(二)智能制造

智能制造是指以计算机为核心，集成有关技术，以取代、延伸与强化有关专门人才在制造中的相关智能活动所形成、发展乃至创新了的制造。智能制造中所采用的技术称为智能制造技术，它是指在制造系统和制造过程中的各个环节，通过计算机来模拟人类专家的智能制造活动，并与制造环境中人的智能进行柔性集成与交互的各种制造技术的总称。智能制造技术主要包括机器智能的实现技术、人工智能与机器智能的融合技术，以及多智能体的集成技术。

在实际智能制造模式下，智能制造系统一般为分布式协同求解系统，其本质特征表现为智能单元的“自主性”与系统整体的“自组织能力”。近年来，智能Agent技术被广泛应用于网络环境下的智能制造系统的开发。

四、机器学习

机器学习(machine learning)是机器获取知识的根本途径，同时也是机器具有智能的重要标志。有人认为，一个计算机系统如果不具备学习功能，就不能称其为智能系统。机器学习有多种不同的分类方法，如果按照对人类学习的模拟方式，机器学习可分为符号学习和神经学习等。

(一)符号学习

符号学习是指从功能上模拟人类学习能力的机器学习方法，它是一种基于符号主义学派的机器学习观点。按照这种观点，知识可以用符号来表示，机器学习过程实际上是一种符号运算过程。对符号学习，可根据学习策略，即学习中所使用的推理方法，将其分为记忆学习、归纳学习和演绎学习等。

记忆学习也称死记硬背学习，它是一种最基本的学习方法，任何学习系统都必须记住它所获取的知识，以便将来使用。归纳学习是指以归纳推理为基础的学习，它是机器学习中研究得较多的一种学习类型，其任务是要从关于某个概念的一系列已知的正例和反例中归纳出一般的概念描述。示例学习和决策树学习是两种典型的归纳学习方法。演绎学习是指以演绎推理为基础的学习。解释学习是一种演绎学习方法，它是在领域知识的指导下，通过对单个问题求解的例子的分析，构造出求解过程的因果解释结构，并对该解释结构进行概括化处理，得到可用来求解类似问题的一般性知识。

（二）神经学习

神经学习也称为联结学习，它是一种基于人工神经网络的学习方法。脑科学研究表明，人脑的学习和记忆过程都是通过神经系统来完成的。在神经系统中，神经元既是学习的基本单位，也是记忆的基本单位。神经学习可以有多种不同的分类方法，如果按照神经网络模型来分，典型的学习算法有感知器学习、BP 网络学习和 Hopfield 网络学习等。

感知器学习实际上是一种基于纠错学习规则，采用迭代思想对连接权值和阈值进行不断调整，直到满足结束条件为止的学习算法。BP 网络学习是一种误差反向传播网络学习算法，这种学习算法的学习过程由输出模式的正向传播过程和误差的反向传播过程组成。其中，误差的反向传播过程用于修改各层神经元的连接权值，以逐步减少误差信号，直至得到所期望的输出模式为止。Hopfield 网络学习实际上是要寻求系统的稳定状态，即从网络的初始状态开始，逐渐向其稳定状态过渡，直至达到稳定状态为止。至于网络的稳定性，则是通过一个能量函数来描述的。

五、计算智能

计算智能（computational intelligence，CI）是借鉴仿生学的思想，基于人们对生物体智能机理的认识，采用数值计算的方法去模拟和实现人类的智能。计算智能的主要研究领域包括神经计算、进化计算和模糊计算等。

（一）神经计算

神经计算也称神经网络（neural network，NN），它是通过对大量人工神经元的广泛并行互联所形成的一种人工网络系统，用于模拟生物神经系统的结构和功能。神经计算是一种对人类智能的结构模拟方法，其主要研究内容包括人工神经元的结构和模型、人工神经网络的互联结构和系统模型、基于神经网络的联结学习机制等。

人工神经元是指用人工方法构造的单个神经元，它有抑制和兴奋两种工作状态，可以接受外界刺激，也可以向外界输出自身的状态，用于模拟生物神经元的结构和功能，是人工神经网络的基本处理单元。

人工神经网络的互联结构（或称拓扑结构）是指单个神经元之间的联结模式，它是构造神经网络的基础。从互联结构的角度，神经网络可分为前馈网络和反馈网络两种主要类型。

网络模型是对网络结构、连接权值和学习能力的总括。在现有的网络模型中，最常用的有传统的感知器模型、具有误差反向传播功能的 BP 网络模型和采用反馈联结方式的 Hopfield 网络模型等。

神经网络具有自学习、自组织、自适应、联想、模糊推理等能力，在模仿生物神经计算方面有一定优势。目前，神经计算的研究和应用已渗透到许多领域，如机器学习、专家系统、智能控制、模式识别、计算机视觉、信息处理、非线性系统辨识及非线性系统组合优化等。

（二）进化计算

进化计算（evolutionary computation，EC）是一种模拟自然界生物进化过程与机制，并进行问题求解的自组织、自适应的随机搜索技术。它以达尔文进化论的“物竞天择，适者生存”作为算法的进化规则，并结合孟德尔的遗传变异理论，将生物进化过程中的繁殖、变异、竞争和选择引入算法中，是一种对人类智能的演化模拟方法。

进化计算主要包括遗传算法、进化策略、进化规划和遗传规划四大分支。其中，遗传算法是进化计算中最初形成的一种具有普遍影响的模拟进化优化算法。

遗传算法的基本思想是使用模拟生物和人类进化的方法来求解复杂问题。它从初始种群出发，采用优胜劣汰、适者生存的自然法则来选择个体，并通过杂交、变异来产生新一代种群，如此逐代进化，直到达到目标为止。

（三）模糊计算

模糊计算也称模糊系统(fuzzy system，FS)，它通过对人类处理模糊现象的认知能力的认识，用模糊集合和模糊逻辑去模拟人类的智能行为。模糊集合与模糊逻辑是美国加州大学扎德(Zadeh)教授提出来的一种处理因模糊而引起的不确定性的有效方法。

通常，人们把那种因没有严格边界划分而无法精确刻画的现象称为模糊现象，并把反映模糊现象的各种概念称为模糊概念。例如，人们常说的“大”“小”“多”“少”等都属于模糊概念。

在模糊系统中，模糊概念通常是用模糊集合来表示的，而模糊集合又是用隶属函数来刻画的。一个隶属函数描述一个模糊概念，其函数值为[0，1]区间的实数，用来描述函数自变量所代表的模糊事件隶属于该模糊概念的程度。目前，模糊计算已经在推理、控制、决策等方面得到了非常广泛的应用。

（四）人工生命

生命现象应该是世界上最复杂的现象。人工生命(artificial life)是美国洛斯·阿拉莫斯(Los Alamos)非线性研究中心的克里斯·兰顿(Chris Langton)在研究“混沌边沿”的细胞自动机时，于1987年提出的一个概念。他认为，人工生命就是要研究能够展示人类生命特征的人工系统，即研究以非碳水化合物为基础的、具有人类生命特征的人造生命系统。①

人工生命研究并不十分关心已经知道的以碳水化合物为基础的生命的特殊形式，关心的是生命的存在形式，应该说，前者是生物学研究的主题，而后者才是人工生命研究所关心的主要问题。按照这种观点，如果能从具体的生命中抽象出控制生命的存在形式，并且这种存在形式可以在另外一种物质中实现，那么就可以创造出基于不同物质的另外一种生命——人工生命。

人工生命研究所采用的主要是自底向上的综合方法，即只有从生命的存在形式的广泛内容中去考察“生命之所知”，才能真正理解生命的本质。人工生命的研究目标就是要创造出具有人类生命特征的人工生命。

---

① 吴斌．人工生命研究[J]．西南科技大学学报，2002，17(3)：7．

六、分布智能

分布式人工智能(distributed artificial intelligence，DAI)是随着计算机网络、计算机通信和并发程序设计技术而发展起来的一个新的人工智能研究领域。它主要研究在逻辑上或物理上分布的智能系统之间如何相互协调各自的智能行为，实现问题的并行求解。

分布式人工智能的研究目前有两个主要方向：一个是分布式问题求解；另一个是多 Agent 系统。其中，分布式问题求解主要研究如何在多个合作者之间进行任务划分和问题求解；多 Agent 系统主要研究如何在一群自主的 Agent 之间进行智能行为的协调。其中多 Agent 系统是由多个自主 Agent 所组成的一个分布式系统。在这种系统中，每个 Agent 都可以自主运行和交互，即当一个 Agent 需要与别的 Agent 合作时，就通过相应的通信机制去寻找可以合作并愿意合作的 Agent，以共同解决问题。

七、智能系统

智能系统可以泛指各种具有智能特征和功能的软硬件系统。从这种意义上讲，前面所讨论的研究内容几乎都能以智能系统的形式出现，如智能控制系统、智能检索系统等。下面我们主要介绍除上述研究内容以外的智能系统，如专家系统和智能决策支持系统。

(一)专家系统

专家系统是一种基于知识的智能系统，其基本结构由知识库、综合数据库、推理机、解释模块、知识获取模块和人机接口 6 部分组成。其中，知识库是专家系统的知识存储器，用来存放问题相关领域的知识；综合数据库也称为全局数据库，简称数据库，用来存储相关领域的事实、数据、初始状态(证据)和在推理过程中得到的中间状态等；推理机是一组用来控制、协调整个专家系统的程序；解释模块以用户便于接受的方式向用户解释系统的推理过程；知识获取模块可为修改知识库中的原有知识和扩充新知识提供相应手段；人机接口主要用于专家系统和外界之间的通信。

新型专家系统是目前专家系统发展的主流。所谓新型专家系统是指为了克服传统专家系统的缺陷，引入一些新思想、新技术而得到的专家系统。它包括分布式专家系统、协同式专家系统、神经网络专家系统和基于Web的专家系统等。

(二)智能决策支持系统

智能决策支持系统(intelligent decision support system, IDSS)是指在传统决策支持系统(decision support system, DSS)中增加了相应的智能部件的决策支持系统。它把AI技术与DSS相结合，综合运用DSS在定量模型求解与分析方面的优势，以及AI在定性分析与不确定推理方面的优势，利用人类在问题求解中的知识，通过人机对话的方式，为解决半结构化和非结构化问题提供决策支持。

智能决策支持系统通常由数据库、模型库、知识库、方法库和人机接口等主要部件组成。目前，实现系统部件的综合集成和基于知识的智能决策是IDSS发展的一种必然趋势，结合数据仓库和OLAP技术构造企业级决策支持系统是IDSS走向实际应用的一个重要方向。

八、人工心理与人工情感

在人类神经系统中，智能并不是一个孤立现象，它往往和心理与情感联系在一起。心理学的研究结果表明，心理和情感会影响人的认知，即影响人的思维，因此在研究人工智能的同时也应该开展对人工心理和人工情感的研究。

人工情感(artificial emotion)是利用信息科学的手段对人类情感过程进行模拟、识别和理解，使机器能够产生人类情感，并与人类自然和谐地进行人机交互的研究领域。目前，人工情感研究的两个主要领域是情感计算(affective computing)和感性工学(kansei engineering)。

人工心理(artificial psychology)就是利用信息科学的手段，对人的心理活动(重点是人的情感、意志、性格、创造)再一次更全面地用人工机器(计算机、模型算法)进行模拟，其目的在于从心理学广义层次上研究情感、情绪与认知，以及动机与情绪的人工机器实现问题。

人工心理与人工情感有着广阔的应用前景。例如，支持开发有情感、意识和智能的机器人，实现真正意义上的拟人机械研究，使控制理论更接近于人脑的控制模式、人性化的商品设计和市场开发，以及人性化的电子化教育等。

第五节　人工智能的典型应用

目前，人工智能的应用领域已非常广泛，从理论到技术，从产品到工程，从家庭到社会智能无处不在。例如，智能 CAD、智能 CAI、智能产品、智能家居、智能楼宇、智能社区、智能网络、智能电力、智能交通、智能控制技术等。下面简单介绍其中的几种典型应用。

一、智能机器人

机器人是一种具有人类的某些智能行为的机器。它是在电子学、人工智能、控制论、系统工程、精密机械、信息传感、仿生学以及心理学等多种学科或技术发展的基础上形成的一种综合性技术学科。机器人可分为很多种不同的类型，如家用机器人、工业机器人、农业机器人、军用机器人、医疗机器人、空间机器人、水下机器人、娱乐机器人等。在中国科协 2008 年举办的“五个 10”系列评选活动中，未来家庭机器人入选“10 项引领未来的科学技术”，并名列第二。

机器人研究的主要目的有两个：一个是从应用方面考虑，可以让机器人帮助或代替人们去完成一些人类不宜从事的特殊环境的危难工作，以及一些生产、管理、服务、娱乐等工作；另一个是从科学研究方面考虑，机器人可以为人工智能理论、方法、技术研究提供一个综合试验场地，对人工智能各个领域的研究进行全面检查，以推动人工智能学科自身的发展。可见，机器人既是人工智能的一个研究对象，同时又是人工智能的一个很好的试验场，几乎所有的人工智能技术都可以在机器人中得到应用。

智能机器人是一种具有感知能力、思维能力和行为能力的新一代机器人。这种机器人能够主动适应外界环境变化，并能够通过学习丰富自己的知识，提高自己的工作能力。目前，已研制出了肢体和行为功能灵活，能根据思维机构的命令完成许多复杂操作，并能回答各种复杂问题的机器人。

当然，目前所研制的智能机器人仅具有部分智能，要真正具有像人一样的智能，还需要一段相当长的时期。尤其是在自学习能力、分布协同能力、感知和动作能力、视觉和自然语言交互能力、情感化和人性化等方面，它们的智能水平离人类的自然智能还有相当长的距离。

二、智能网络

因特网的产生和发展为人类提供了方便快捷的信息交换手段，它极大地改变了人们的生活和工作方式，已成为当今人类社会信息化的一个重要标志，但是，基于因特网的万维网(WWW)却是一个杂乱无章、真假不分的信息海洋，它不区分问题领域、不考虑用户类型、不关心个人兴趣、不过滤信息内容。传统的搜索引擎在给人们提供方便的同时，大量的信息冗余也给人们带来了不少烦恼，因此，利用人工智能技术实现智能网络具有极其重要的理论意义和实际价值。

目前，智能网络方面的两个重要研究内容分别是智能搜索引擎和智能网格。智能搜索引擎是一种能够为用户提供相关度排序、角色登记、兴趣识别、内容的语义理解、智能化信息过滤和推送等人性化服务的搜索引擎。智能网络是一种与物理结构和物理分布无关的网络环境，它能够实现各种资源的充分共享，能够为不同用户提供个性化的网络服务。我们可以形象地把智能网格比喻成一个超级大脑，其中的各种计算资源、存储资源、通信资源、软件资源、信息资源、知识资源等都像大脑的神经元细胞一样能够相互作用、传导和传递，实现资源的共享、融合和新生。目前，智能网格研究还处在非常初级的阶段，智能网格的发展前景十分广阔。

三、智能检索

智能检索是指利用人工智能的方法从大量信息中尽快找到所需要的信息或知识。随着科学技术和信息手段的迅速发展，在各种数据库，尤其是因特网上存放着大量的甚至是海量的信息或知识。面对这种信息海洋，如果还用传统的人工方式进行检索，很不现实，因此，迫切需要相应的智能检索技术和智能检索系统来帮助人们快速、准确、有效地完成检索工作。

智能信息检索系统的设计需要解决的主要问题包括以下几个。

(1)系统应具有一定的自然语言理解能力，能够理解用自然语言提出的各种询问。

(2)系统应具有一定的推理能力，能够根据已知的信息或知识，演绎出所需要的答案。

(3)系统应拥有一定的常识性知识，以补充学科范围的专业知识。系统根据这些常识，能得出答案。

需要特别指出的是，因特网的海量信息检索，既是智能信息检索的一个重要研究方向，同时也对智能检索系统的发展起到了积极的推动作用。

第六章

数据库和人工智能技术应用

第一节　材料数据库及其应用

第二节　专家系统概述

第三节　热处理工艺专家系统

第四节　焊接裂纹预测及诊断专家系统

第五节　人工神经网络技术及应用

第六节　人工神经网络在材料科学中的应用

第一节　材料数据库及其应用

一、数据库技术

数据库是一项现代化信息工程，在数据库系统中，数据被集中管理，就像货物仓库中的物品一样，用户需要什么数据就去库中提取。数据库系统集中统一地保存、管理着大量的有关某一方面的信息数据，系统根据数据间的自然联系结构而成，数据较少冗余，数据具有较高的独立性，能长时间保存。另外，数据库系统还能正确、可靠、高效率地提供数据，为多种应用服务。理想的数据库系统应具有以下基本功能：能读取一个数据库；能增加数据库的记录；能删除数据库的记录；能查询数据库的记录；能随时显示数据库资料；能通过一定的方式输出数据库。一个数据库系统至少包含如下三个部分。

(1)数据库：一个结构化的相关数据的集合，包括数据本身和数据间的联系。它独立于应用程序而存在，是数据库系统的核心和管理对象。

(2)存储器：保存数据的磁盘等硬件介质。

(3)数据库软件：负责对数据库管理和维护的软件。具有对数据进行定义、描述、操作和维护的功能，接受并完成用户程序及终端命令对数据库的不同请求，并负责保护数据免受各种干扰和破坏。数据库软件的核心是数据库管理系统(dataBase management system，DBMS)。

数据库的建立、使用和维护都是在数据库管理系统的统一管理和控制下进行的。数据库管理系统通常由数据描述和操纵语言、数据库管理控制程序、数据库服务程序三部分组成。除了用于管理数据的软件之外，数据的收集、整理和评价是建立一个数据库的关键。和文件管理方式相比，计算机数据库系统管理数据具有以下主要特征。

(1)数据共享。实现数据共享是数据库发展的一个重要原因，数据库的数据可供多个用户使用，某个用户只与库中的一部分数据打交道；用户数据可以是重叠的，在同一时刻不同的用户可以同时存取数据而互不影响，大大提高了数据的利用率。

(2)数据独立性。在文件系统中，应用程序不但与数据文件相互对应，而且与数据的存储和存取方式密切相关。在数据库系统中，应用程序不再同存储器上的具体文件相对应，每个用户所使用的数据有其自身的逻辑机构。数据独立性给数据库的使用、调整、优化和扩充带来了方便，提高了数据库应用系统的稳定性。

(3)减少数据冗余。数据库系统管理下的数据不再是面向应用，而是面向系统，数据集中管理，统一进行组织、定义和存储，避免了不必要的冗余，因而也避免了数据的不一致性。

(4)数据的结构化。数据库系统中的数据是相互关联的，这种联系不仅表现在记录内部，更重要的是记录类型之间的相互联系。整个数据库是以适当的形式结构而成的。用户可以通过不同的路径存取数据，以满足用户的不同需要。

(5)统一的数据保护功能。多个用户共享数据资源，需要解决数据的安全性、一致性和并发控制问题。为使数据安全、可靠，系统对用户使用数据进行严格检查，对非法用户将拒绝加入数据库。系统还通过其他的数据保护措施来保证数据的正确性。

二、材料数据库的发展

材料科学与技术数据库可以分为文献型和数值型。文献型数据库按照主题可以分为通用技术、专业材料、工业应用和商业信息等几类，主要内容包括大量的材料工程技术文件，来自专业和有关核心期刊、主要会议的技术报告，与商业有关的技术信息文件等。

材料性能数据库属于数值数据库，通常应包括材料的性能数据、材料的组分、工艺和处理过程、材料的试验条件以及材料的应用和评价等。目前世界上已有的化合物达几百万种，现有的工程材料也有数十万种。它们的成分、结构、性能及使用等构成了庞大的信息体系。而且这一体系还在不断更新、扩大和更加详尽，单凭个人的经验和查阅书面出版物已远远不能满足要求，计算机化的材料数据库应运而生。

由于数据库的涉及面广，很难由一个单位独立承担，常常是几个单位甚至几个国家联合建库。例如，美国国家标准局的许多材料数据库是分别与美国金属学会、陶瓷学会、腐蚀工程师协会和能源部合作建立的，它的晶体数据中心是与加拿大等联合完成的。英国金属学会和美国金属学会合作建立金属数据文档，包括2万种金属和合金的性能数据，是一个大型材料数据库。由于数据工作具有全球性，因而国际间相互合作的规模也越来越大。

世界上各工业发达国家都在积极建立各种材料数据库，发展中国家也把建立自己的材料数据库看作是自主的标志。20 世纪 70 年代中期，数据库技术开始传入中国，1979 年中国科学院化工冶金所与上海有机所共同建立了化学数据库，有 10 多个子库，材料数据是其重要组成部分。20 世纪 80 年代以来，中国的数据库技术又有了很大发展。以材料数据库为例，已有上海材料研究所等单位建立的机械工程材料数据库、北京科技大学等单位建立的材料腐蚀数据库、北京钢铁研究总院建立的合金钢数据库、北京航空材料研究所建立的航空材料数据库、北京机电研究所建立的材料热处理数据库、郑州机械研究所建立的机械强度数据库等。

其中，机械工程材料数据库采用国产优质材料制备试样，按照国家标准或工业先进国家标准方法测试了 200 个常用材料的全面性能数据，主要包括化学成分、物理常数、常规力学性能、高温性能、疲劳性能和断裂力学性能数据，其特点是测定了大量的疲劳 P-S-N 曲线、高温长期蠕变和持久性能，测定了焊接接触疲劳 P-S-N 曲线以及 Goodman 图等，可提供 11 类 25 种不同类型曲线，带有绘图软件。数据库已在石油机械、起重运输机械等专业 CAD 中得到了应用。根据中国高技术研究发展计划(863 计划)对新材料领域的要求，清华大学材料研究所等单位在 1990 年联合建成新材料数据库，包括新型金属和合金、精细陶瓷、新型高分子材料、先进复合材料、非晶态材料 5 个子库。主要内容为材料牌号、产地、材料成分、技术条件、材料等级、性能及评价等。

当前，国际上的材料数据库正朝着智能化和网络化的方向发展。智能化是使材料数据库发展成为专家系统；网络化是将分散的、彼此独立的数据库连成一个完整的系统。

计算机材料性能数据库具有一系列优点，如存储信息量大、存取速度快、查询方便、使用灵活等；具有多种功能，如单位转换及图形表达等；应用广泛，可以与 CAD、CAM 配套使用，也可与知识库及人工智能技术相结合，构成材料性能预测或材料设计专家系统等。材料数据库系统已成为现代产品设计和先进制造技术的支柱。数据库的应用不仅能减少重复劳动，提高工作效率，更重要的是能预测创新、提高决策水平。在材料设计、材料性能查询及选材、材料加工工艺设计和材料失效分析等方面发挥了重大作用。

三、材料数据库的应用

（一）计算机选材系统

选材系统的基础是材料科学数据库，数据库由材料基本信息、加工应用和商业信息三个子系统组成。材料基本信息包括与材料成分有关的数据，如牌号、成分、物理和化学特性数据等。加工应用信息包括加工手段、工艺参数、加工后获得的性能指标等，这是工程设计中的重要数据。商业信息是关于材料产品的信息，包括材料产品的名称、规格、形状、尺寸、生产单位和价格等数据，这些数据为工程设计提供成本和来源等参考。

选材系统可以多种形式提供选材方式。如果用户给定材料的基本特性参数，数据库将满足基本特性参数的材料列出，以供选择。也可以设计优化方法，在考虑性能、成本、加工诸因素后选择材料。

（二）数据库用于热处理工艺设计

在热处理工艺数据库的基础上，开发了计算机辅助热处理工艺设计系统（CAPP），使工艺设计中的工艺参数选择、保温时间的计算、零件图形的绘制以及工艺卡片的填写等工作由计算机来自动完成。系统具有黑色金属热处理工艺设计、有色金属热处理工艺设计和化学热处理工艺设计等功能，由数据库、应用程序包、绘图程序包和计算程序等部分组成，图 6-1 是设计框图。材料热处理工艺设计时需要输入的信息有：材料信息、预备热处理工艺信息、最终热处理工艺信息、加热保温时间的计算结果、零件的图形表示等。输出信息包括工艺卡片上的所有内容。系统数据库有材料库、预备热处理工艺库、最终热处理工艺库、加热保温时间计算知识库、存放输出工艺卡片的工艺库等。图 6-2 是热处理工艺设计的全局视图。系统模仿人工工艺设计的步骤，通过人机对话的形式，输入零件的材料牌号、要求的性能、外形尺寸描述等信息，计算机通过检索、计算等操作实现工艺规程的自动编制，在工艺设计中，系统根据用户输入的零件外形描述信息，能自动计算出该零件的变形敏感系数，在通过计算法或数据库查询法得到的两套工艺参数中找出最佳参数。

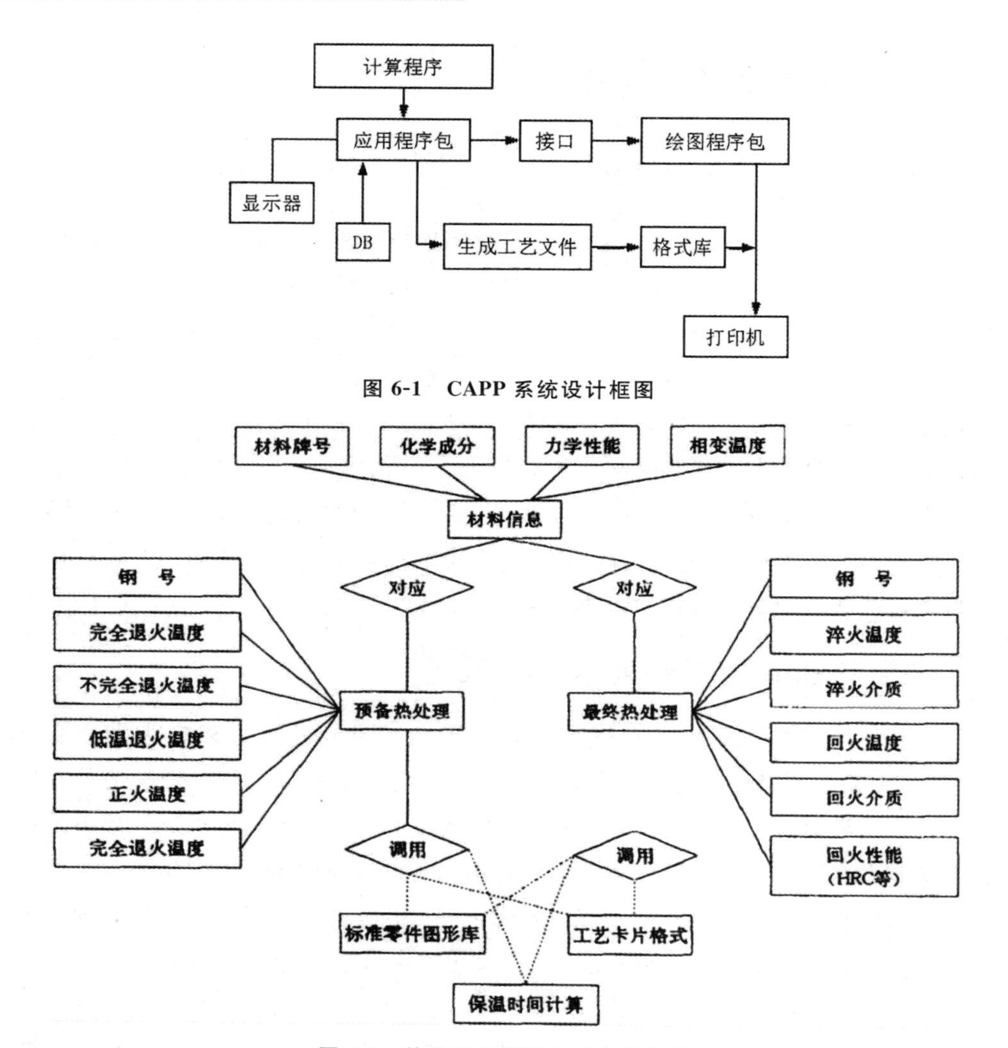

图 6-1 CAPP 系统设计框图

图 6-2 热处理工艺设计的全局视图

(三)数据库在物相分析中的应用

在采用 X 射线衍射法进行晶体结构分析时，要根据标准粉末衍射卡片的数据判别物相的结构，这需要花费大量的时间进行检索、核对和运算等操作。建立以粉末衍射卡片内容为基础的数据库，就可以对 X 射线衍射谱进行自动物相分析，从而高速、准确地完成物相结构分析。

标准粉末衍射卡片(ASTM 或 PDF)是进行物相鉴定最权威的资料。目前，ASTM 卡片已有数万张，每张卡片除了有物相的晶体结构参数、实验条件参数外，还有几十个点阵常数的晶面间距值、强度值和晶面指数等。这样每张卡片至少有一百个数据，而数万张卡片就有数百万个数据，因此，ASTM 卡片包含了大量的信息。

建立 ASTM 卡片数据库采用关系模型结构，数据库由若干个记录组成，每张卡片内容存在于一个记录中，每个记录又分为若干列，每列都存入相应的数据项。在每个记录中存入的主要内容有：序号、ASTM 卡片号、物相名、该物相所含的元素名、晶体结构参数、衍射靶的参数、晶面间距值、相对强度值、晶面指数等。在获得 X 射线衍射谱后，利用数据库来对照分析十分方便、迅速且准确。图 6-3 是 X 射线物相定性分析程序流程。计算机将各衍射峰的 d 值与各个可能存在物相的 d 值逐个进行比较，最终输出分析结果。电子衍射花样可以采用类似的方法标定。

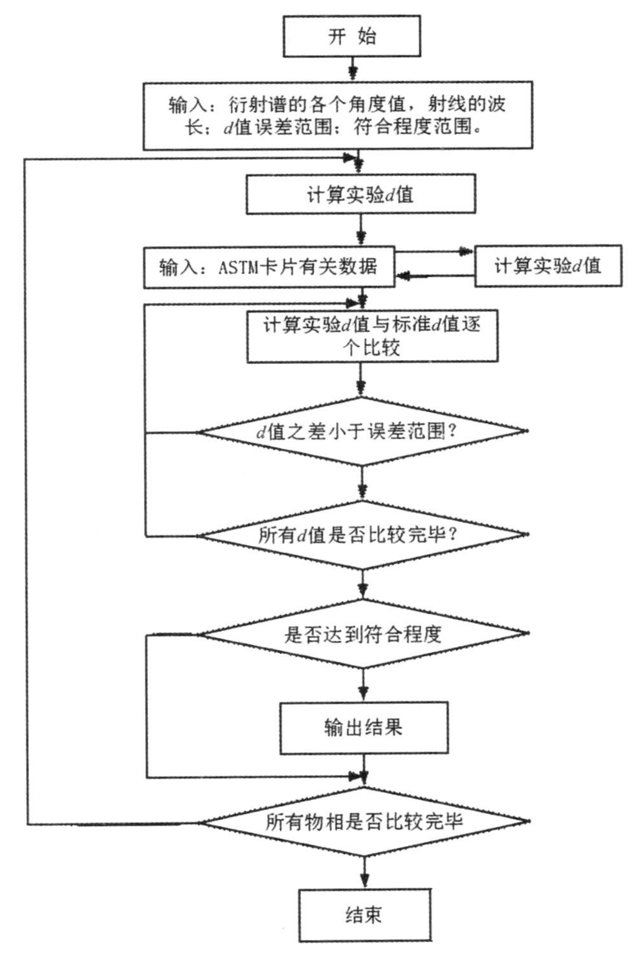

图 6-3　X 射线物相定性分析程序流程图

第二节　专家系统概述

一、专家系统及其特征

专家系统(expert system)是一个智能计算机程序系统，其内部含有大量的某个领域专家水平的知识与经验，能够利用人类专家的知识和解决问题的方法来处理该领域问题。也就是说，专家系统是一个具有大量的专门知识与经验的程序系统，它应用人工智能技术和计算机技术，根据某个领域中专家提供的知识和经验，模拟人类专家的思维过程，进行推理和判断，解决那些需要人类专家处理的复杂问题，其水平达到甚至超过人类专家的水平。简而言之，专家系统是一种模拟人类专家解决某领域问题的计算机程序系统。

专家系统作为一种程序，在程序设计和实现方面与传统程序有许多共同的特征，但它又是一个智能程序，与传统程序相比具有不同的特色，具有传统程序所没有的许多优良性能。专家系统和传统的计算机程序最本质的不同之处在于专家系统所要解决的问题一般没有算法解决，并且经常要在不完全、不精确或不确定的信息基础上做出结论。专家系统有以下一些基本特征。

1. 具有专家水平的专门知识

专家系统具有专家级的知识，该系统中的知识可分为数据级、知识库级和控制级三个层次。数据级是指具体问题所提供的初始证据以及问题求解过程中所产生的中间结论和最终结论等；知识库级是指专家的知识；控制级知识是关于如何运用前两种知识的知识，它体现了系统的智能程度。任何专家系统都是面向某个具体领域的，求解的问题局限于一个较窄的范围内，这使得专家系统能抓住领域内问题的共性和本质，使系统有较高的可信性和效率。

2. 能进行有效的推理

专家系统的根本任务是求解领域内的问题。问题的求解过程是一个思维过程，即推理过程。专家系统不仅能做一般的逻辑推理，而且还能利用问题的启发性信息进行启发式的搜索、试探性推理以及不精确推理和不完全推理等。

3. 具有获取知识的能力

专家系统的基础是知识，为了得到知识就必须提供获取知识的手段。目前应用较多的是建立知识编辑器，知识工程师或领域工程师通过知识编辑器把领域知识传授给专家系统，建立知识库。

4. 具有透明性

专家系统能够解释本身的推理过程和回答用户提出的问题，以便让用户能够了解推理过程，提高对专家系统的信赖程度。

5. 具有灵活性

专家系统大都采用了知识库与推理机构相分离的构造原则，这使得知识的更新和扩充比较灵活、方便，不会因某一部分的变动而牵动全局。系统运行时，推理机构可根据具体问题的不同特点选取不同的知识构成求解序列，具有较强的适应性。

二、专家系统的类型

按照求解问题的性质，专家系统可分为以下类型。

1. 解释专家系统

这是通过对已知信息和数据的分析与解释，确定它们的含义，如图像分析、化学结构分析和信号解释等。

2. 预测专家系统

它的任务是通过对过去和现在已知状况的分析，推断未来可能发生的情况，如气象预报、人口预测、经济预测、军事预测等。

3. 诊断专家系统

其任务是根据观察到的情况来推断某个对象机能失常(即故障)的原因。诊断专家系统的例子特别多，如医疗诊断、电子机械和软件故障诊断以及材料失效诊断等。

4. 设计专家系统

其任务是根据设计要求，求出满足设计问题约束的目标配置。设计专家系统涉及电路设计、土木建筑工程设计、计算机结构设计、机械产品设计和生产工艺设计等。

5. 规划专家系统

规划专家系统的任务是找出能够达到给定目标的动作序列或步骤。规划专家系统可用于机器人规划、交通运输调度、工程项目论证、通信与军事指挥以及农作物施肥方案等。

6. 监视专家系统

其任务是对系统、对象或过程的行为进行不断观察，并把观察到的行为与其应当具有的行为进行比较，以便发现异常情况，发出警报。这种系统可用于核电站的安全监视、防空监视与警报、国家财政的监控、传染病疫情监视以及农作物病虫害监视与警报等。

7. 控制专家系统

控制专家系统的任务是自适应地管理一个受控对象或客体的全面行为，使之满足预期的要求。空中交通管制、商业管理、作战管理、自主机器人控制、生产过程控制和生产质量控制等都是控制专家系统的潜在应用方面。

8. 调试专家系统

它的任务是对失灵的对象提出处理意见和解决方法，可用于新产品或新系统的调试，也可用于被修设备的调整、测量和试验。

9. 教学专家系统

教学专家系统的任务是根据学生的特点和基础知识，以最适当的教案和教学方法对学生进行教学和辅导。它不仅能传授知识，而且还能对学生产生的错误进行分析、评价，找出错误原因，并能有针对性地确定教学内容。

10. 修理专家系统

它的任务是对发生故障的对象(系统或设备)进行处理，使其恢复正常工作。修理专家系统具有诊断、调试、计划和执行等功能。

三、专家系统的构成

不同的专家系统，其功能与结构都不尽相同，但一般都包括六个基本部分，如图 6-4 所示。

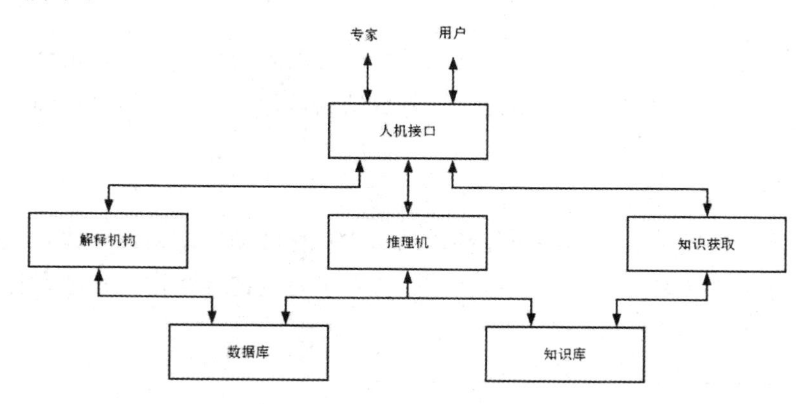

图 6-4　专家系统的一般结构

1. 人机接口

这是专家系统与专家及一般用户之间的界面，由一组程序及相应的硬件组成，用于完成输入和输出工作。领域专家或知识工程师通过它输入知识，更新、完善知识库；用户通过它输入初始证据以及向系统提出问题；系统用它输出运行结果，回答用户的询问或者向用户索取进一步的证据。

2. 知识获取机构

知识获取机构由一组程序组成，其任务是把知识输入知识库中；检测并修改知识中的错误；对知识库进行扩充、调试等，目的是建立起性能良好的知识库。

3. 知识库

知识库是知识的存储器，用于存储领域专家的专门知识，包括经验性知识、有关的事实、一般常识、可行操作与规则等。知识库的知识来源于知识获取机构，同时它又为推理机提供求解问题所需的知识，与两者都有着密切的联系。

4. 推理机

推理机是专家系统的思维机构，是构成专家系统的核心部分。其任务是模拟领域专家的思维过程，控制并执行对问题的求解。它能根据当前已知的事实、利用知识库中的知识，按一定的推理方法和搜索策略进行推理，求得问题的答案或证明某个结论的准确性。

5. 数据库

数据库又称为黑板或综合数据库。它是用于存放推理的初始证据、中间结果以及最终结果等的工作存储器。数据库的内容是不断变化的，在开始求解问题时，它存放的是用户提供的初始证据；在推理过程中，它存放每一步推理所得到的结果。推理机根据数据库的内容从知识库选择合适的知识进行推理，然后又把推理结果存入数据库中，因此，数据库是推理机不可缺少的一个工作场地，同时又记录推理过程中的有关信息，为解释机构提供回答用户咨询的依据。

6. 解释机构

解释机构能够向用户解释专家系统的行为，包括解释推理结论的正确性以及系统输出其他候选解释的原因，这是专家系统区别于一般程序的重要特征之一。另外，通过对自身行为的解释还可以帮助系统建造者发现知识库及推理机中的错误，有助于系统的调试。

四、知识获取与推理

发展专家系统的关键是表达和运用专家知识，即来自人类专家的并已被证明对解决有关领域的典型问题是有用的事实和过程。专家系统的知识可以来自报告、手册、数据库、实例研究、经验数据以及个人经验等，但主要来自领域专家，知识工程师通过与领域专家的直接交互获取知识。

建立知识库时，要把蕴含在知识源中的知识经识别、理解、选择和归纳等过程抽取出来，而这些知识通常是用自然语言、图、表等形式表示的，必须经过转换变成计算机能够识别和运用的形式。

知识库中包含有事实(数据)及规则(或者用其他方式表示的知识结构)。规则使用事实作为判断的依据。推理机包含一个能决定如何应用这些规则并推导出新的知识的解释程序，同时还包括一个能决定规则使用顺序的调度程序。

从逻辑基础的角度出发，推理方式可分为演绎推理、归纳推理、外展推理、非单调推理和不精确推理等。从推理方法的角度出发，可分为基于规则的推理、基于模型的推理和基于事例的推理。

演绎推理是从已知的判断出发，经过演绎推出结论的一种推理方式，是一种由一般到个别的推理。在演绎推理中，如果推理时所用的知识都是精确的，称为精确推理；若推理时所用的知识是不精确的，则推出的结论也是不精确的，称为不精确推理。

归纳推理是从足够多的事例中归纳出一般性知识的推理，是从个别到一般的推理，恰好与演绎推理相反。这种推理方式主要用于专家系统的知识获取。

外展推理表示由因到果的解释论证过程，更能反映事物的本质，而传统的推理方式是由后果或现象推导原因的演绎过程。

非单调推理是指在推理过程中，在增加某些新的事实时，能够取消以前得出的一些结论。

不精确推理是指在事实或知识存在不确定性时的推理。

基于规则的推理是指以产生式规则表示知识的推理。由于产生式规则具有简单、灵活和易于理解的特点，因此广泛用于表达启发性知识。

基于模型的推理就是根据反映事物内部规律的客观世界模型进行推理。

基于事例的推理是将过去成功的事例存入事例库，遇到新问题时，在事例库中寻找类似的过去事例。利用类比推理的方法，得到新问题的近似解答，再加上适当修改，使之完全适应于新问题。

专家系统程序设计语言主要有 C＋＋、Lisp 和 Prolog 语言等，其中 Prolog 语言实现了自动推理功能，受到人工智能界的高度重视，是一种比较有前途的语言。与一般数值型程序设计语言不同，面向人工智能的通用化程序设计语言具有处理知识的能力，能够以接近自然语言的方式表达知识和规则以及推理过程，这些语言还可以直接生成新知识，因而在建立专家系统时特别有效。建立专家系统还可以应用 INSIGHT、GURU 等实用开发工具。在材料科学与工程领域中，已开发了多种类型的专家系统。

第三节　热处理工艺专家系统

热处理工艺专家系统能根据用户提供的零件信息，自动推理出最适当的热处理工艺，并确定相应的保温温度和时间等参数；在得到用户调整后，系统自动绘制出热处理工艺卡，并将工艺卡中的有关信息存储，以便以后需要时进行使用和研究。

一、热处理工艺专家系统的总体设计

依照软件工程的思想，将热处理工艺专家系统所要完成的最终目标全面展开，分解为方案推理、方案调整、绘图及打印、知识库管理等若干个子系统(在各子系统内部还可以进一步细化)，使每个子系统完成一个简单的功能。这样得到系统的“阶层结构”。图 6-5 表明了系统的整体结构，其中，各功能子模块所实现的目标如下。

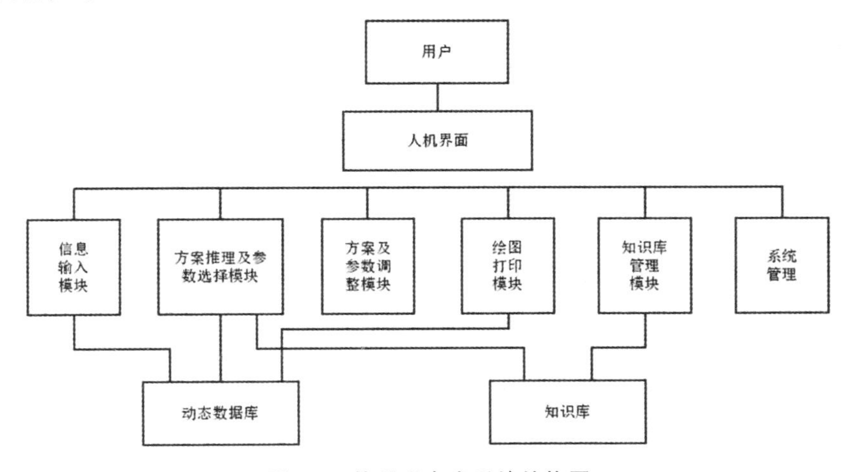

图 6-5　热处理专家系统结构图

信息输入模块：该模块接受初始的零件信息(包括零件的材料牌号、尺寸、批量等)、热处理后的性能要求(包括硬度、强度等)和厂方的生产条件，并将这些信息以一定的设计结构形式存储于动态数据库中。

热处理方案推理及相应参数选择模块：该模块根据用户输入的信息，推理出适当的热处理方式，同时选择出合适的温度和时间等参数。

方案及参数调整模块：系统的结果对于用户来说是完全开放的，具体表现在当推理结束后，用户可以任意修改方案，改变参数，以获得用户最满意的热处理方案和参数。

绘图及打印模块：该模块依据系统的推理结果，绘制出相应的热处理工艺曲线，制定出相应的热处理工艺卡，并可根据用户的要求将工艺曲线及工艺卡以打印方式输出。

知识库管理模块：一个专家系统性能的优劣取决于其拥有知识的数量和质量，因此，为了保证系统在使用过程中性能可以得到不断地改善，需要对知识库进行合理维护。知识库管理模块用于实现专家系统知识库的维护、完善和补充，使系统在使用过程中，拥有知识的数量越来越多，质量越来越好，规则性能越来越优越。

系统管理模块：该模块完成方案确定过程中的辅助功能主要包括：推理过程中显示帮助信息，为用户使用本系统提供方便；存取有关初始化信息及最终推理结果，以备日后查用。系统的知识库由事实库、规则库和实例库组成，包括金属材料数据库(包含常用钢铁材料的牌号、化学成分、相变临界点、物理性能、力学性能、用途、热处理工艺方法、国际标准组织以及美国、俄罗斯、日本、德国、法国、英国、瑞典等国外材料对照牌号等技术资料)；热处理工艺数据库(包含各种热处理及表面处理的工艺规范、所用的设备和应用场合等技术资料)；典型零件数据库(包含常用零件的选材、性能要求、热处理工序、工艺及设备等技术资料)。

二、热处理工艺方案和相应参数的确定和调整

热处理工艺过程的三要素是加热温度、保温时间和冷却方式。热处理工艺专家系统的主要功能就是根据待处理零件的材料成分和性能要求确定热处理方式以及加热温度，根据材料的成分和有效尺寸以及热处理炉型确定保温时间，并根据材料及其热处理方式来确定冷却方式。系统这一核心目标的求解由系统的推理来

完成，系统的推理分为基于规则的推理和基于事例的推理。这两种推理求解方法在知识库中拥有相对应的知识源，即金属材料数据库、热处理工艺数据库和典型零件数据库。通常规则推理用于制定符合一般经验规则的热处理工艺或系统典型零件数据库中所没有的较复杂的热处理工艺；事例推理是参考系统典型零件数据库中已有的实例制定工艺，规则推理和事例推理都采用产生式规则向前推理。

（一）基于规则推理的实现

热处理工艺的主要参数是加热温度、加热介质、保温时间和冷却方式等。加热温度根据工艺类型取决于工件材料的临界温度 A_{c1}、A_{c3} 和 A_{cm}，一般取临界温度以上 30℃～50℃，保温时间受工艺类型、工件材料、性能要求、形状尺寸和加热设备、装炉量、入炉方式等诸多因素的影响，系统以经验公式计算的方法来确定保温时间，而经验公式考虑了以上因素的影响。如淬火加热保温时间由公式 $t=\alpha \cdot K \cdot D$ 计算，D 为工件有效厚度；α 为与工件材料、形状、性能要求有关的系数，K 为与加热设备及操作方式等有关的系数。冷却方式根据工件材料的等温转变曲线和连续冷却转变曲线，结合各种冷却介质的冷却特性及所要得到的性能等因素来确定。

规则推理的方法是：以用户选择输入的有关零件的初始信息为条件搜索金属材料数据库或热处理工艺数据库，得到与之匹配的粗略的工艺信息供用户选择或确认，然后以此条件再次搜索金属材料数据库或热处理工艺数据库，得到较精确的工艺信息。如此多次搜索，最终得到推理结果，经用户调整确认后，即形成正式的工艺文件。采用这种逐步细化的推理方式，可以增强用户输入信息的目的性，缩小搜索范围，提高推理速度。

推理的步骤如下。

(1)用户选择输入工件的类别(如轴类、齿轮类等)，系统把可能适用的材料提供给用户选择(用户可进一步查询每种材料的相关资料)。如果系统不能提供可选择材料，即请用户输入。

(2)用户确定工件材料后，系统提供各种可能的热处理方法供用户选择，这些热处理方法包括热处理各工序及所得的力学性能，同样，用户也可输入系统没有提供的工艺。

(3)用户确定热处理方法后，系统提示用户输入工件的有效厚度，选择热处理设备类型、装炉方式、装炉量等，给定热处理要求(如渗碳层深度、表面碳浓

度等)。如果用户忽略这些参数，则采用系统默认值。

(4)系统根据用户给定条件从知识库中取得加热温度、冷却方式等工艺参数，计算出保温时间，并以工艺卡或工艺曲线的形式提供该工件的热处理工艺。

(5)用户确认或修改该工艺后，系统可打印出工艺卡或工艺曲线作为工艺文件，也可以存入典型零件数据库，从而补充一个新的实例。

(二)基于事例推理的实现

基于事例推理的基础是系统的典型零件数据库，它由众多的实例组成，每个实例都是机械零件的选材、制定热处理工艺及设备等方面的一个具体经验。

每个实例包括标题和具体内容两部分，标题用短语简明扼要地指出零件的种类、材料、性能和热处理方式等。实例可以由用户按系统规定的格式录入，也可以由规则推理得到的结果存入。

实例推理方法与规则推理类似，简述如下：

(1)以用户输入信息为条件搜索典型零件数据库得到与之匹配的实例；

(2)用户浏览相应实例的标题后按需要调出其具体内容并可加以修改；

(3)用户最后确定所选用的实例作为推理结果，并可把修改过的实例存入典型零件数据库使其成为新的实例。

3. 热处理工艺方案及其参数的调整

系统推理的结果(尤其是选择的参数)对于用户来说也许并不是最优解。如果用户认为自己判断的结果优于系统的推理结果，用户可以通过人机界面对系统的结果进行调整。

在专家系统中，适当加入人的干预是必要的，其一，智能系统的思维与人的思维仍有相当大的差距，尤其是在对不良结构问题的思维上(例如，对系统推理结果的评价、调整以及对异常情况的处理)；其二，智能系统最终求解的结果需要得到用户的承认。因此，热处理方案及相应参数调整模块完成了系统在正常运行中的良好控制与异常情况下的正确处置，保证了系统始终能够推理出令人满意的结果。

三、热处理专家系统中知识库的扩充与维护

专家系统中的知识库是一个动态的结构。在用户使用的过程中，知识库应当能够不断地更新与完善，从而使系统表现出越来越好的使用效果。但是，由于用

户与知识工程师之间的知识结构存在着很大的差异，这就可能导致用户在维护知识库时产生一定的困难，为此开发了知识库管理器(图 6-6)，以便用户对知识库进行扩充与维护。知识库管理器主要实现以下功能：实现从知识库中内部语言到自然语言的翻译，以协助完成知识库查询功能和解释功能，可对自然语言描述的事实、规则和实例进行任意编辑，将以自然语言表示的事实、规则和实例转化为知识库内部语言，具体包括三个过程：词法检查，对用户修改过的或新增添的知识进行扫描，并与系统中的专用词典进行对照比较，查找有无系统不能识别的词汇；语法检查，检查用户更新后的以自然语言形式所描述的事实、规则和实例是否符合系统规定的语法形式；转换，将以自然语言描述的知识转换为知识库内部语言，对更新后的知识库进行一致性检查，查找有无相互重复或矛盾的事实、规则或实例，最后确定这一更新是否被接受。知识库管理器在一定程度上为用户维护知识库提供了方便。

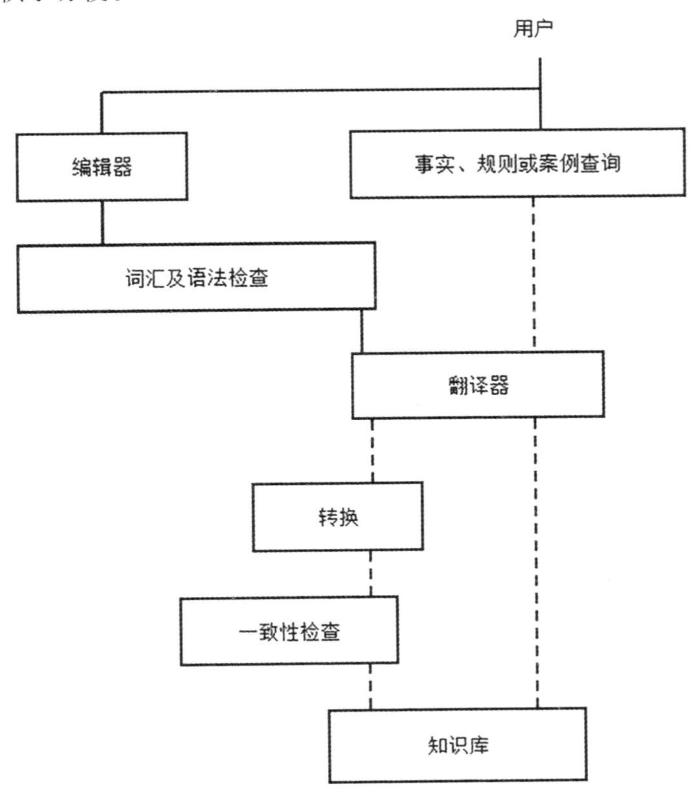

图 6-6　知识库管理器功能示意图

第四节 焊接裂纹预测及诊断专家系统

焊接裂纹是最为严重的焊接缺陷之一，它是在焊接液相冶金和固相冶金过程中产生的。焊接结构中的许多灾难性的事故大都是由于焊接裂纹引起的。尤其是随着焊接结构向着大型化、大容量和高参数的方向发展，各种低合金高强度钢和中、高合金钢的应用日益广泛，这使得焊接裂纹问题显得愈发重要。

为了解决焊接裂纹问题，人们希望能在焊前预测产生某种裂纹的可能性，以便正确地选择焊接方法和焊接材料，采用合理的焊接工艺参数，避免裂纹的产生。焊接裂纹一旦产生，则需要分析裂纹的成因、性质，找出防止裂纹的措施，这就属于裂纹的诊断。由于各种焊接裂纹的成因及其形态十分复杂，这给裂纹的预测及诊断带来许多困难。多年来，国内外对焊接裂纹问题进行了大量的试验研究工作，积累了丰富的经验知识，并从中总结出一些内在规律。

为了更好地综合运用已有的知识指导焊接生产，建造一个焊接裂纹预测及诊断专家系统（WCPDES）是很有必要的。

一、WCPDES的功能及结构

1. WCPDES的功能

WCPDES专家系统是天津大学针对手工电弧焊焊接碳钢及合金结构钢开发的，其功能如下。

（1）预测手工电弧焊焊接碳钢及合金结构钢时产生冷裂纹、热裂纹、层状撕裂和再热裂纹的可能性。

（2）能提供防止产生焊接裂纹的工艺方案建议（包括焊条牌号、规格、烘干制度、预热及层间温度、后热规范及焊后热处理制度）。

（3）能诊断焊接生产中已经产生的裂纹种类和原因，并能提供修复工艺方案。

（4）能够解释决策过程和决策结果，以提高系统运行的透明度，增加用户的信任程度。

（5）具有半自动的学习能力，用户不必了解知识库的结构，即可通过人机对话对知识库进行阅读、修改、增添和删除等操作，以便不断提高知识库的质量。

2. WCPDES 的软件基本结构

系统采用多级弹出式菜单，人机界面友善，可通过鼠标或键盘进行操作，使用灵活方便。整个系统由文件菜单、裂纹预测、工艺制定、裂纹诊断、学习功能和系统帮助等六大模块组成。如图 6-7 所示。

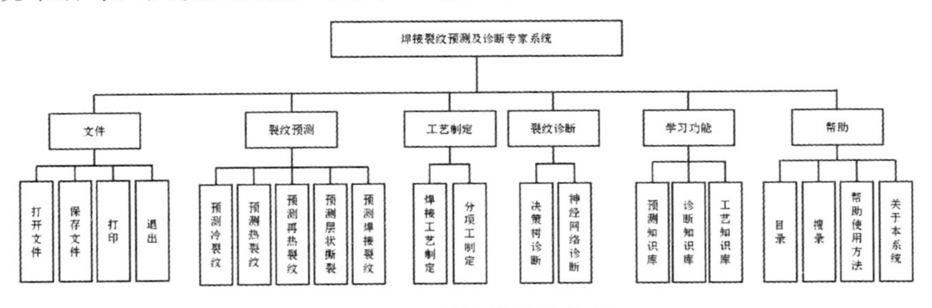

图 6-7　系统软件整体结构

在 WCPDES 系统中，除裂纹预测及诊断数据库外，还设有工艺咨询数据库，该数据库可根据用户的要求正确地选择焊条、制定合理的工艺参数及工艺制度（如预热、后热及热处理等），并输出一份完整的工艺报告及咨询解释报告。

3. WCPDES 知识库的结构

知识库是专家系统的核心，专家系统工作质量的高低，主要取决于知识库中知识质量的高低及完善程度，WCPDES 专家系统知识库的结构如图 6-8 所示。

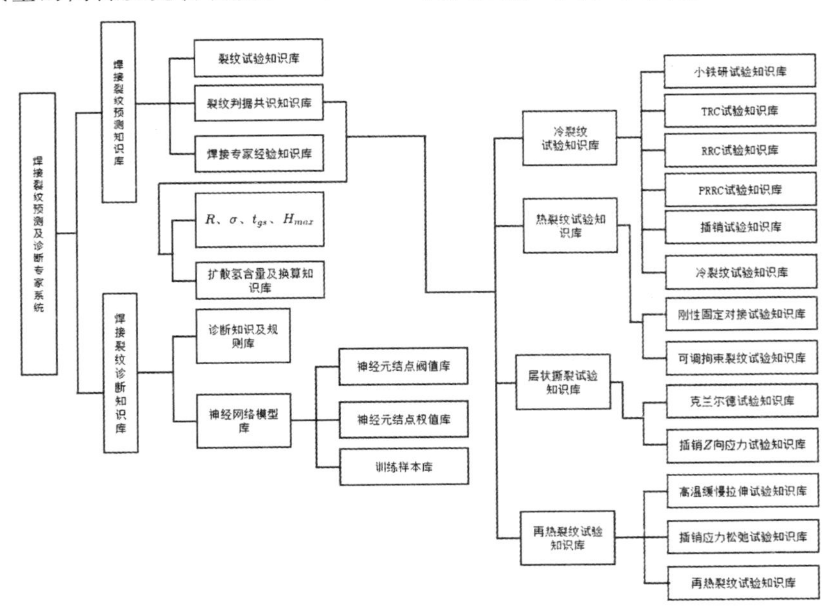

图 6-8　WCPDES 知识库结构图

二、焊接裂纹诊断知识库

在工程中，若焊接结构已经产生了裂纹，则需要诊断出裂纹的性质和原因，并提供修复裂纹所需的主要工艺方案。不同焊接裂纹形成的机理各不相同，它们的形态特征虽具有一定的典型性，但又具有模糊性，这就增加了焊接裂纹诊断问题的复杂性。即使是有经验的专家，有时也需要进行必要的检测才能准确地诊断裂纹的性质及成因。本系统在抽取每种裂纹典型特征(包括裂纹的位置、断裂形式、裂纹的形状、尺寸、表面颜色、尖锐度)的基础上，同时考虑各种裂纹产生的条件及用户输入的信息来综合诊断裂纹的性质。焊接裂纹的诊断流程如下。

(1)按裂纹的启裂位置进行初步诊断。

(2)按裂纹的断裂形式(沿晶断裂、穿晶断裂、混晶断裂等)进一步诊断。

(3)按每种裂纹的典型特征和产生条件进行综合诊断，以最终确定裂纹的性质。

(4)分析裂纹的成因。

(5)为修复裂纹提供主要的工艺措施。

(6)显示或打印诊断报告。诊断报告包括：用户输入信息、诊断结论、对诊断结论的解释、裂纹形成原因、为修复裂纹提供的主要工艺措施。

WCPDES 系统能够根据用户提供的必要信息，预测产生焊接裂纹的可能性，诊断焊接裂纹的性质、原因，并能提供完整的工艺报告。可实现焊接裂纹知识的共享，大大减少焊接性试验，具有明显的经济效益和社会效益。

第五节　人工神经网络技术及应用

人工神经网络(artificial neural network)是一种信息处理技术，力图模拟人类处理方式去理解和利用信息。人工神经网络既可以解决定性问题，又可以用于直接解决定量问题，具有较好的可靠性；擅长处理复杂的多元非线性问题；具有自学习能力，能从已有的试验数据中自动总结规律。人工神经网络在生物、微电子、数学、物理、化学、化工和材料等学科中得到广泛应用。

一、人工神经网络

人工神经网络由排列成层的神经单元组成，接受输入信号的单元层称为输入层；接受输出信号的单元层称为输出层；不与输入输出发生联系的单元层称为中间层或隐层。虽然中间层不能直接看见，但层中各单元的内容却是可以检查的，图 6-9 是人工神经网络连接形式。

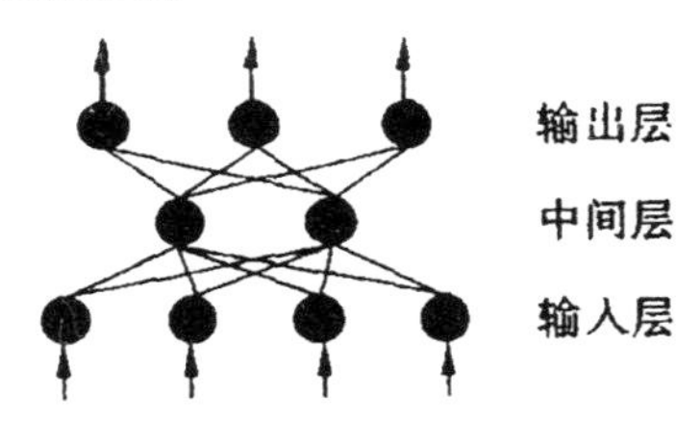

图 6-9　神经网络示意图

如果输入神经网络一组数据(或输入模式或矢量)，在图 6-9 神经网络示意图输入层的每个单元都接收到输入模式的一小部分，然后输入层将输入通过连接传递给中间层，中间层接收到整个输入模式，但因输入信号要通过单元间有权重的连接的传递，到中间层的输入模式已被改变。由于权重的影响，中间层单元有的更加活跃，中间层的输出就与输入层大不相同，有的单元没有输出，有的单元输出则很强。

一般情况下，中间层单元将输入信号传递给输出层的全部单元。输出单元从中间层单元接收输出活动的全部模式，但中间层往输出层的信号传递仍要经过有权重的连接，所以输出层单元接收到的输入模式已与中间层的输出不同。输出层单元有的激发、有的抑制，产生相应的输出信号。输出层单元的模式就是网络对输入模式激励的总的响应。

人工神经网络的基本单元是神经元，又称为处理单元。

它能完成生物神经元最基本的三种处理过程：评价信号，决定每个输入信号的强度；计算所有输入信号的权重和，并与神经元的阈值进行比较；决定神经元的输出。神经元的模型如图 6-10 所示，每个神经元具有一个和时间有关的活动状态和阈值，将神经元 j 的活动状态和阈值分别用 $a_j(t)$ 和 $\theta_j(t)$ 表示，神经元之间的连接强度用权值 $\boldsymbol{W}_{ij}$ 表示，神经元 j 有一个输入集合 X_1，X_2，…，X_n 和一个单值输出 y_1，数学描述如下：

$$S_j = \sum_{i=1}^{n} \boldsymbol{W}_{ij} X_i - \theta_i$$

$$a_j = f(s_j)$$

$$y_i = g(a_j)$$

其中，f 、g 为某一函数，当神经元没有内部状态，即 $g(a_i)=a_i$ 时，神经元的输出为：

$$y_j = f(\sum \boldsymbol{W}_{ij} X_i - \theta_j)$$

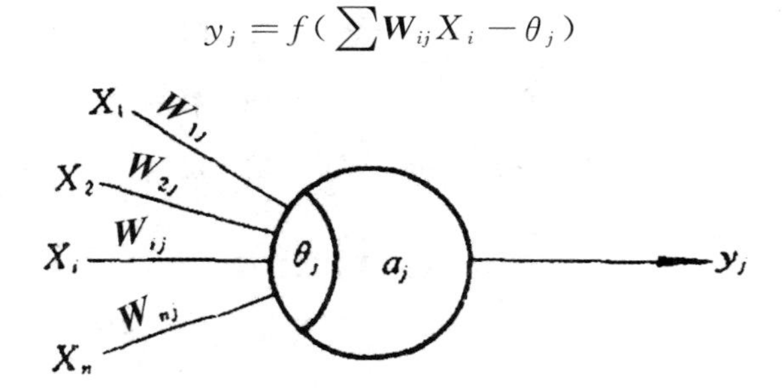

图 6-10　神经元

由该模型可知，神经元可以有许多输入，所有这些输入都是同时传送给神经元的。神经元是否被激发，激发的强弱程度，取决于输入信号的权重和、阈值和传递函数。神经元的输出也许成为另外一些神经元的输入，也许直接将信号输出到外界。

人工神经网络采用的传递函数有几种类型。当传递函数采用分段线性函数时，神经元的输入和输出之间的关系分为几个线性段，如图 6-11 所示，输入和输出的整体关系体现了非线性，可以表示为：

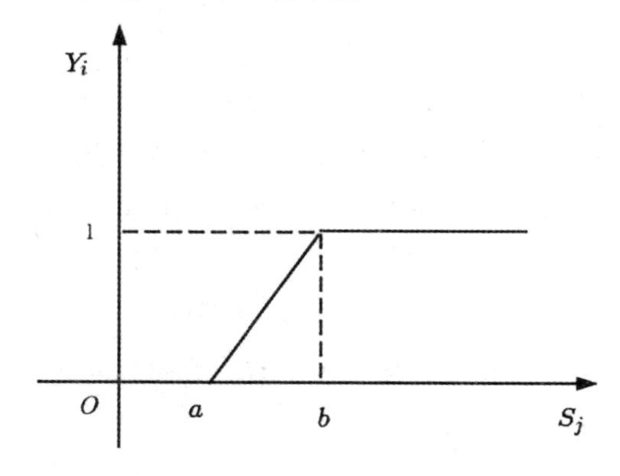

图 6-11　分段线性函数

$$y_i\begin{cases}0 & s_i \leqslant a \\ k(b-a) & a < s_j \leqslant b \\ 1 & s_j > b\end{cases}$$

最简单的情况是输入和输出的关系为阶跃函数，如图 6-12 所示，可表示为：

$$y_i=\begin{cases}0 & s_j \leqslant a \\ 1 & s_j > a\end{cases}$$

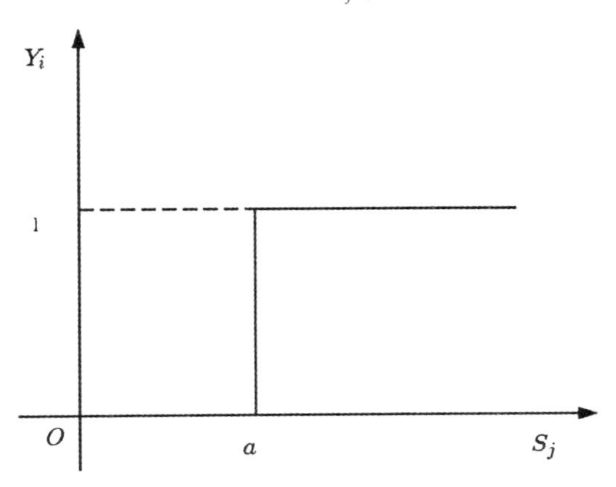

图 6-12　阶跃函数关系

由于线性特性神经元在处理能力上远不及非线性特性神经元，人工神经网络经常采用非线性特性的神经元，最常用的非线性传递函数是 S 函数。S 函数是连续函数，神经元输入和输出之间的关系常用正切或对数一类的 S 形曲线来表示。采用这种函数关系出于两方面的考虑：一是这类曲线反映了神经元的饱和特性，即满足了模拟生物神经元的需要；二是 S 形函数的连续性体现了数学计算上的一些优越性。S 形函数也称为 Sigmoid 函数或 Sigmoid 曲线，如图 6-13(a)和图 6-13(b)所示，分别可表示为：

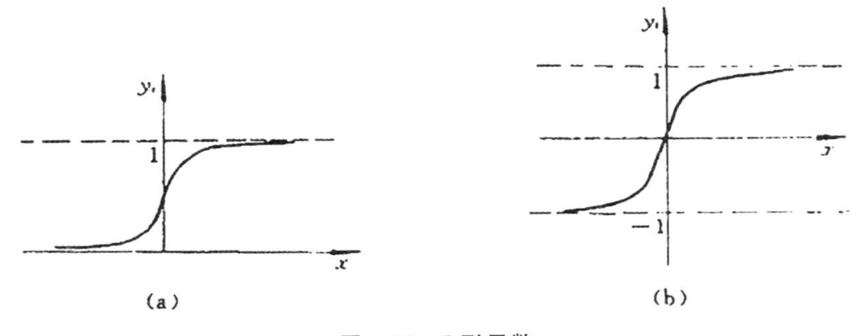

图 6-13　S 形函数

$$(a)\ y=\frac{1}{1+e^{-x}}\ ;\ (b)\ y=\frac{e^{x}-e^{-x}}{e^{x}+e^{-x}}$$

式中，$x=\sum W_{ij}X_i-\theta_j$。此函数在全域内是连续的，大多数神经网络都选用该函数作为传递函数。

人工神经网络的结构有下列形式：

1. 前馈式网络

在前馈式网络中神经元是分层排列的，每个神经元只与前一层神经元相连，如图 6-14(a)所示。最上一层为输出层，最下一层为输入层，还有中间层，中间层也称为隐层。隐层的层数可以是一层或多层。

2. 输入输出有反馈的前馈网络

如图 6-14(b)所示，在输出层上存在一个反馈回路到输入层，而网络本身还是前馈型的，如 Fukushima 的网络就是用这种反馈的方式达到对复杂图形的顺序选择和识别字符的。

3. 前馈内层互联网络

如图 6-14(c)所示的网络，在同一层内存在互相连接，它们可以互相制约，而从外部看还是一个前向网络。很多自组织网络，大都存在着内层互联的结构。

4. 反馈型全互联网络

如图 6-14(d)所示是一种单层全互联网络，每个神经元的输出都与其他神经元相连，如 Hopfield 网络和 Boltzmann 机都是属于这一类网络。

5. 反馈型局部连接网络

如图 6-14(e)所示是一种单层网络，它的每个神经元的输出只与其周围的神经元相连，形成反馈的网络，这类网络也可发展为多层的金字塔形的结构。

反馈型网络存在着一个稳定性问题，因此必须讨论其收敛性和稳定性的条件。

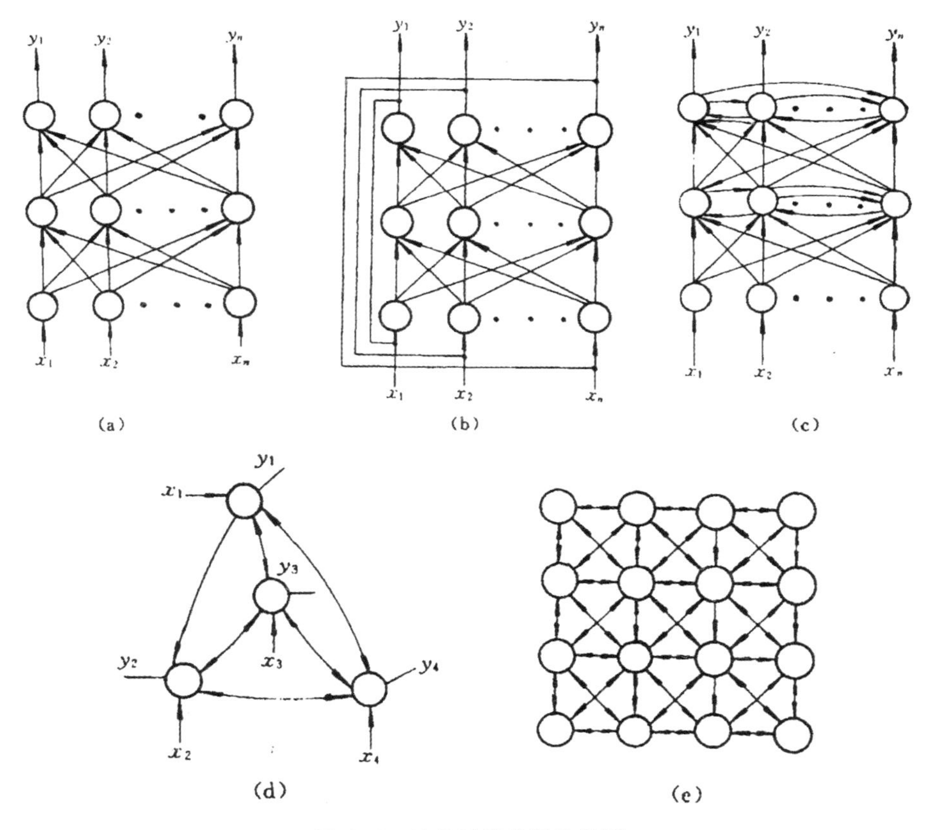

图 6-14　神经网络的结构类型

二、神经网络的学习方法及规则

神经网络通过学习来解决问题，而不是通过编程。学习和训练几乎对所有的神经网络来说都是最基本的。网络不是通过修改神经元本身来完成训练过程，而是靠改变网络中各连接的权重来学习。对每个神经元而言，若传递函数不变(在一般情况下，训练过程中神经元的传递函数是不变的)，其输出由两个因素决定，即输入数据和与此神经元连接的各输入量的权重。因此，若神经网络要学会正确地反映所给数据的模式，唯一用以改善网络性能的元素就是连接的权重。权重是变量，可以动态地进行调整，产生一定的输出。权重的动态修改是学习中最基本的过程，神经网络通过修改权重而响应外部输入。

有两种不同的学习方式或训练方式，即有指导的训练(supervised training)和没有指导的训练(unsupervised training)。

1. 有指导的学习

在这种方式中，神经网络将应有的输出与实际输出数据进行比较。网络经过一些训练数据组的计算后，最初随机设置的权重经过网络的调整，使得输出更接近实际的输出结果。学习过程的目的在于减小网络应有的输出与实际输出之间的误差，网络根据训练数据的输入和输出来调节本身的权重，使网络的输出符合于实际输出。

对于指导下学习的网络，在实际应用前必须对网络进行训练，训练的过程是将一组输入数据与相应的输出数据输入网络，网络根据这些数据调整权重。这些数据组称为训练数据组。在训练过程中，每输入一组输入数据，同时告诉网络相应的输出应该是什么。网络经过训练后，若认为网络的输出与应有的输入间的误差达到了允许范围，权重就不再改动，这时的网络可用新的数据检验。

2. 没有指导的学习

在这种方式下，网络不靠外部的影响来调整权重。在网络训练过程中，只提供输入数据而无相应的输出数据。网络检查输入数据的规律或趋向，根据网络本身的功能进行调整，并不告诉网络这种调整的好坏。没有指导进行学习的算法强调一组组神经元间的协作，如果输入信息使神经元组的任何单元激活，整个神经元组的活性就增强，然后，神经元组将信息传递给下一层单元。目前对于没有指导的训练机理还不充分了解，是一个继续研究的课题。

三、神经网络的特点及应用

人工神经网络具有如下特点：从运算方式看，它以大规模集团运算为其特征，大量计算处理单元平行而分层次地进行信息处理工作。整体运算速度大大超过了串行运算方式工作的传统数字计算机。

在使用性能方面，由于没有集中处理单元，信息处理和存储表现为整个网络全部单元及其连接模式的集体行为，故具有良好的容错性和很强的抗噪能力，任何局部单元的损坏不致从根本上影响网络的整体性能和解算能力。

从功能行为方面看，它具有变结构的计算组织体系，呈现出很强的自学习能力和对环境的适应能力，这类学习功能和适应性表现为时间增长过程中网络内部结构和连接模式的变化，在外界输入信号的作用下网络内部有的学习通道增强，有的变弱甚至阻断。这种动态进化系统的解算工作方式明显优于传统数字计算机的预置程序被动执行的工作方式，并使专家系统中“知识获取”瓶颈问题有望获得突破。

在数学本质上，大多数神经网络属于非线性动态系统，可用一组非线性微分方程来描述，具有复杂的功能行为和动态性质，这与数字计算机截然相异。人们正是注重这种动态行为，并致力于将其转化为问题求解的解算过程或联想记忆及记忆恢复过程。

从应用对象上看，它适合处理知识背景不清楚、推理规则不明确等复杂类模式识别问题以及处理连续的、模拟的、模糊的、随机的、大通量信息，既可以做聚类分析、特征提取、缺损模式补全等模式信息处理工作，又适宜于做模式分类、模式联想等模式识别工作。

在求解目标方面，它致力于搜索非精确的满意解，而放弃目标解的高度精确性。这比较符合较多领域问题求解的现实情况，从而在自适应控制、模式识别等方面表现出良好的实用性能，有效地提高了问题求解效率和实际解算问题的能力。人工神经网络主要用于解决下述问题。

1. 模式信息处理和模式识别

所谓模式，从广义上说，就是事物的某种特性类属，如图像、文字、语言、符号等感知形象信息；雷达、声呐信号、地球物探、卫星云图等时空信息；动植物种类形态、产品等级、化学结构等类别差异信息等。模式信息处理就是对模式信息进行特征提取、聚类分析、边缘检测、信号增强、噪声抑制、数据压缩以及各种变换等。模式识别就是将所研究客体的特性类属映射成“类别号”，以实现对客体特定类别的识别。人工神经网络特别适宜解算这类问题，形成了新的模式信息处理技术。它在各领域中的广泛应用是神经网络技术发展的重要侧面。这方面的主要应用有：图形、符号、手写体及语音识别，雷达及声呐等目标识别，药物构效关系等化学模式信息辨识，机器人视觉、听觉，各种最近相邻模式聚类及识别分类等。

2. 最优化问题计算

人工神经网络的大部分模型是非线性动态形态，若将所计算问题的目标函数与网络某种能量函数对应起来，网络动态向能量函数极小值方向移动的过程则可视作优化问题的计算过程。网络的动态过程就是优化问题的解算过程，稳态点则是优化问题的局部或全局最优解，动态过程时间即为优化问题求解计算时间，这方面的应用包括组合优化、约束满足等求解问题，例如：任务分配、货物调度、路径选择、组合编码、排序、系统规划、交通管理以及图论中各种问题的解算等。

3. 信息的智能化处理

神经网络适宜于处理具有伤残结构和含有错误成分的知识，能够在信源信息含糊、不确定、不完整、存在矛盾及假象等复杂环境中处理知识。网络所具有的自学习能力使得传统专家系统技术应用最为困难的知识获取工作转换为网络的变结构调节过程，从而大大方便了知识库中知识的记忆和抽提。在许多复杂问题中（如医学诊断），存在大量的特例和反例，信息来源既不完整，又含有假象，且经常遇到不确定性信息，决策规则往往互相矛盾，有时无条理可循，这给传统的专家系统应用造成了极大困难，甚至在某些领域无法应用，而神经网络技术则能突破这一障碍。网络通过学习，可以从典型事例中学会处理许多具体问题，且能对不完整信息进行补全。根据已学会的知识和处理问题的经验对复杂问题做出合理的判断决策，给出较满意的解答，或对未来过程做出有效的预测和估计，这方面的主要应用是：自然语言处理、市场分析、预测估值、系统诊断、事故检查、密码破译、语言翻译、逻辑推理、知识表达、智能机器人、模糊评判等。

4. 复杂控制

通过观测样本，神经网络完全能够发现工业控制过程中的隐含信息，通过学习，得到一个极少受到人为干预的控制规则。利用自动学习规则和网络固有的冗余度，神经网络可以大大减少系统发展和维修的费用。神经网络在诸如机器人运动控制等复杂控制问题方面有独到之处。较之传统数字计算机的离散控制方式，更适宜于组成快速实时自适应控制系统。这方面的主要应用是：多变量自适应控制、变结构优化控制、并行分布控制、智能及鲁棒控制等。

5. 信号处理

神经网络的自学习和自适应能力使其成为对各类信号进行多用途加工处理的一种天然工具，尤其在处理连续时序模拟信号方面有很自然的适应性。这方面的主要应用有：自适应滤波与均衡、时序预测、谱估计和快速傅里叶变换、通信编码和解码、信号增强降噪、噪声相消、信号特征检测等。神经网络在微弱信号检测、通信、自适应滤波等方面的应用尤其引人注目，已在许多行业中得到运用。

除上述几大类应用外，神经网络还可以用作数学逼近映射、感知觉模拟、概率密度函数估计、化学谱图分析、多目标跟踪及控制、联想记忆及数据恢复等信息处理工作。

四、神经网络的构造方法

1. 神经网络的结构设计

用人工神经网络解决实际问题时，首先要确定网络的结构，即确定网络的层数和每一层的单元数。在建立神经网络模型时，优先考虑只选一个中间层，如果选用了一个中间层而且增加了处理单元数还不能得到满意的结果，再尝试多增加一个中间层，但一般应减少总的单元数。

输入层和输出层的单元数很容易根据待求解的问题确定，而中间层单元数的选用往往是网络成败的关键。中间层处理单元数选用太少，网络难以处理较复杂的问题，但若中间层处理单元数过多，将使网络训练时间急剧增加，而且过多的处理单元容易使网络训练过度。也就是说网络具有过多的信息处理能力，甚至将训练数据组中没有意义的信息也记住。这时网络就难以分辨数据中真正的模式。

如果设计一个三层网络，设有 n 个输入和 m 个输出单元，则中间层单元数 p 可以按照下面的公式估计：

$$p=\sqrt{mn}$$

$$p=\sqrt{m+n}+a\text{ ，}a\text{ 为 }1\sim 10\text{ 之间的常数}$$

$$p=1g2n$$

找到最优的中间层处理单元数很费时间，但对设计网络结构是很重要的。可以先从较少的中间层处理单元试起，再选择合适的准则来评价、训练并检验网络的性能，然后增加中间层单元数，再重复训练和检验，直到满意为止。应该注意每一次增加新的中间层单元，训练都应该重新开始，而不能采用上一次训练后所得的权重。

2. 网络的训练时间

网络的训练一般都有一个最优值，并不是训练时间越长、训练的误差越小越好，网络存在训练过度的问题。

设学习样本为（X_{1l}，X_{2l}，…，X_{nl}；Y_{1l}，Y_{2l}，…，Y_{ml}）（$l=1$，2，…，L），L 为样本总数。将样本的输入数据 X_{il} 加载到网络的输入层，按照有关的计算方法，计算网络的输出值 Q_{kl}（$k=1$，2，…，m），将网络的输出值 O_{kl} 与实际值 Y_{kl} 进行比较，得到计算误差，然后网络根据误差按照一定的方法修改权值，使网络朝着能正确响应的方向不断发展，直到网络的输出与期望的输出之差在允许的范围内。定义网络的误差平方和为：

$$E=\frac{1}{2}\sum_{l=1}^{L}\sum_{k=1}^{m}(Y_{kl}-O_{kl})$$

一般将 E 最小时作为网络学习的理想结果，E 又称为能量函数。

如图 6-15 所示是网络训练过程中，同时输入检验数据，计算训练误差与检验误差值随训练过程而变化的情况。对训练过程而言，随着训练时间的增加，训练误差要减小。另一组是检验数据，是从全部数据中随机选取的，没有参加训练，而只是输入训练后的网络来检验网络的性能。一般在训练开始时期，检验误差是随训练时间的增加而降低的，也就是说，网络开始不断地学习输入数据的普遍类型。但若训练超过一定时间，检验误差反而开始增加，这意味着网络已开始记住输入数据不重要的细节，而不仅是它的普遍类型。当检验误差达到最低点时，并不一定意味网络达到了最佳性能，还要根据具体的情况决定是否停止训练。

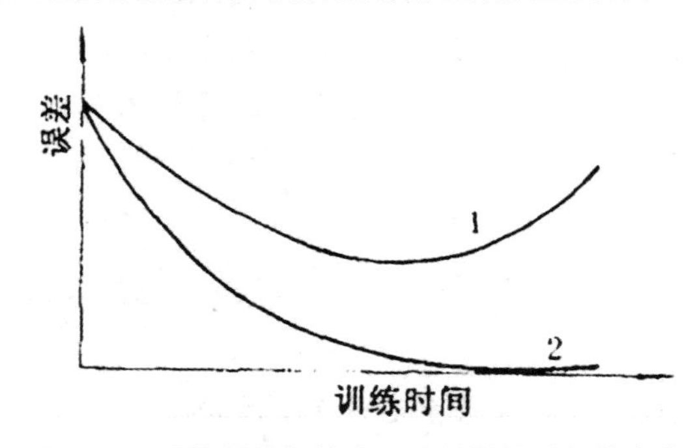

图 6-15　网络训练与检验误差随训练时间的变化

如果选用过多的中间层单元，网络容易过度训练，这时网络不是学到了数据的一般特征，而是记住了单个样本的细微特征，网络的性能变差。这时应该减少中间层单元数，重新训练网络或是增加训练数据的数量，以使所有的训练样本能代表全体数据的普遍特征。此外，每次改变中间层单元数，重新进行训练，都应随机选取处理单元的初始权重，而不是采用上一次训练的结果。

第六节　人工神经网络在材料科学中的应用

材料科学所研究的许多问题无法建立确切的数学模型，为了对其中的一些规律进行归纳，常采用对现有实验数据进行整理，选用某种回归方法进行处理。回归方法存在着局限性。人工神经网络具有自学习功能，能从实验数据中自动获取数学模型。它无须预先给定公式的形式，而是以实验数据为基础，经过训练后获得一个反映实验数据内在规律的数学模型，训练后的神经网络能直接进行推理。神经网络在处理规律不明显、组分变量多的问题方面具有特殊的优越性。人工神经网络在材料设计与成分优化、材料的智能加工与控制、材料加工工艺的优化、材料相变规律的研究与相变点的预测、材料性能预测等方面得到了广泛的应用。

一、材料设计与成分优化

在进行材料设计时，必然涉及材料的成分、组织、工艺、性能之间的关系，这些内在关系是非常复杂的。随着材料科学的发展，许多新材料相继问世，其内在规律尚不十分清楚，对于这样一些问题，采用人工神经网络方法进行处理已取得了较好效果。基于神经网络的材料设计和成分优化已在很多研究中得到了应用。

传统专家系统由数据库、知识获取和推理机构几个部分组成。其知识获取是限制专家系统发展的“瓶颈”。计算机辅助材料设计的一个关键问题是如何从已知的实验数据中获取知识，这方面人工神经网络具有优势。人工神经网络通过学习，能从已有的实验数据中自动归纳出规律，虽然它不能给出这一规律的函数形式，却可以利用经过训练的神经网络直接进行推理。基于神经网络的专家系统在知识获取、并行推理、适应性学习、联想推理、容错能力等方面具有明显的优越性。神经网络与传统专家系统结合构建的陶瓷设计专家系统如图 6-17 所示。给定所要求的性能后，首先在陶瓷材料数据库中搜寻，如果有满足要求的材料，使用评价模块找出最优的材料。如果还没有满足性能要求的材料，使用优化模块进行材料设计，人工神经网络的作用是从已知数据中获取知识，并用来推理。人工神经网络与传统专家系统的结合，大大加强了决策支持能力，如在研究 SiC 晶需补强增韧的 Si_3N_4 陶瓷时，采用三层 BP 网络，输入 Y_2O_3、La_zO 和 Al_2O_3 的含量，输出参量为收缩率、相对密度和强度值。训练时，取精度为 0.003，网络经过 3727 次训练后收敛，用训练后的网络对数据进行预测，收缩率为 43%，与实验值相比较误差为 5%。

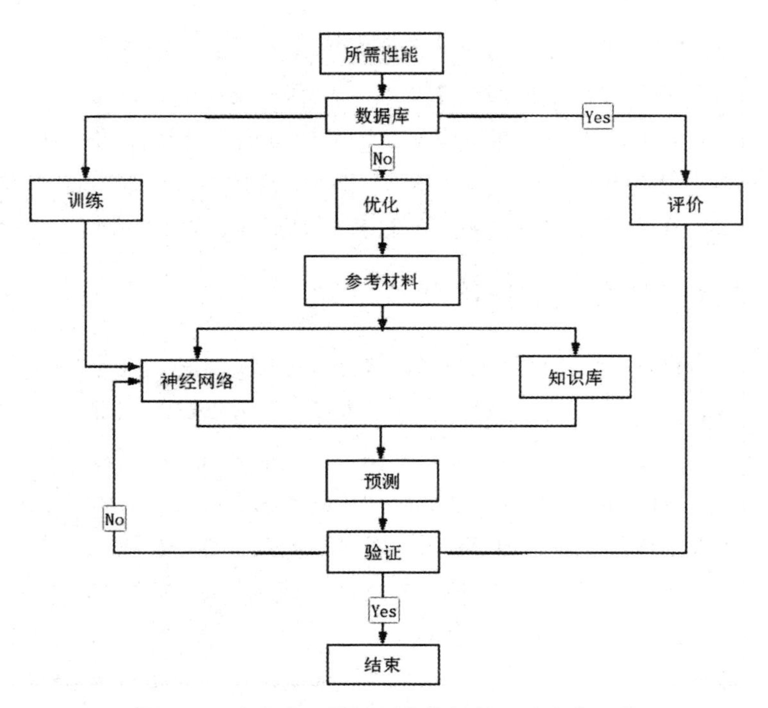

图 6-17　含有人工神经网络的材料设计专家系统

设计高速、高效飞机发动机时，需要能在 725℃高温和高应力下工作的材料，在设计能满足上述要求的 Ni 基合金过程中，使用了人工神经网络方法。Ni 基高温合金的设计过程如下：首先在给定的合金成分范围内，确定能够满足屈服强度和抗拉强度的材料，然后从中选取能满足疲劳和蠕变性能的材料，还要考虑合金相的稳定性是否能够满足要求，最后还要考虑合金的生产加工、热处理、抗氧化耐蚀性能。设计时，从合金成分范围窗口内，选择不同的合金含量组合了 729 种不同的合金，用训练好的神经网络预测这些材料的屈服强度和抗拉强度。神经网络在这里起的作用不是代替合金的制造和试验，而是作为合金设计的一个有力工具，保证得到满足性能要求的合金成分组合，避免不必要的熔炼，降低费用，节省时间。

在高温高韧钢优化研究中，采用 8×8×6×2 四层 BP 网络结构。选择 C、Ni、Co、Cr、Mo、Nb、Ti 和时效温度作为网络的输入模式，以屈服强度 $\sigma_{0.2}$ 和断裂韧性 K_{IC}作为输出模式。从 41 组实验数据中任意取 35 组作为网络的学习样本，其他 6 组用来检验网络的推理能力。为获得最佳网络结构及其参数值，采用了模拟退火算法。网络训练好后，再利用遗传算法对钢的性能进行优化，最终确定了高强高韧钢的最佳成分配方及热处理工艺。

在进行材料设计时，常用的方法是将材料的合金成分及热处理温度作为网络的输入，将力学性能作为网络的输出，建立反映实验数据内在规律的数学模型，利用各种优化方法实现材料的设计。然而，无论应用哪种方法，如遗传算法、模拟退火算法，都需要计算机进行多次迭代运算，计算量很大，并且容易陷入局部极值区域，往往得不到最优解，只能获得一个次优解。材料的力学性能技术指标很多，要获得综合性能指标优良的材料，其算法非常复杂。为了克服各种优化方法计算量大、难于寻找最优解的缺点，在研究 Co-Ni 二次硬化钢时，用屈服强度 $\sigma_{0.2}$，抗拉强度 σ_6、断裂韧性 K_{IC}、延伸率 δ_k、断面收缩率 φ 和 Nb、Ti、Co 的成分作为网络输入，淬火和时效温度以及 C、Ni、Cr、Mo 的含量作为网络的输出，建立反映实验数据内在规律的数学模型，根据对材料力学性能的要求，直接确定其他合金成分含量和热处理温度。

二、材料智能加工与智能控制

在材料生产与成型过程中，涉及化学成分配制、工艺参数选取、成型过程监控及过程参数协调等诸多因素，忽略任一因素都可能使成型过程中断或造成废品。由于该过程的复杂性、随机性和不确定性，使过程监控、预报和自动控制非常困难，长期以来，一直是材料工作者努力探索的研究课题。智能控制是将人工智能、控制理论、运筹学和信息论融为一体，其实现途径主要为模糊控制、基于专家系统的智能控制和神经网络控制。由于神经网络控制可通过对网络结构及权值的自动调整而实现非生物神经网络系统的部分功能，适应性、智能性好，能处理高维数、非线性、强干扰、难建模的复杂工业过程，为解决上述问题提供了可行的手段。

人工神经网络在这一过程中的作用是，通过检测与生产过程相关的一系列动态信号(如应力场、应变场、温度场和过程参数等)，从中提取特征参数作为神经网络的输入，网络的输出则为所识别的工艺系统的状态。通过对网络的训练，掌握控制对象的非线性函数关系，从而做出相应的控制决策，以实现对生产过程的在线控制。

美国麦道宇航公司(MDA)在生产纤维铺层复合材料时，采用小脑模型连接控制器(CMAC)，将人工神经网络系统用于控制激光加热，再通过加压来形成复合材料制品。先将复合材料纤维一层层地铺放在工具上的预定部位，采用基于神经网络的激光控制系统加热纤维材料，同时用一个红外线辐射聚焦仪将实际加热温度反馈到控制系统，以达到对纤维温度的精确控制，使热塑性树脂塑化与固化同时进行。该法可生产高质量的复合材料制品，全部过程均实现了自动化。

在点焊质量控制中，用人工神经网络方法对交流电阻点焊的各个动态电参数进行融合处理，建立起以交流点焊过程中动态电参数作为输入空间，以熔核尺寸为输出空间，可用于实时在线检测和预测低碳钢点焊质量的监测系统。所建系统对熔核直径的平均预测误差小于5%，熔核高度预测平均误差小于8%。

在优选电阻点焊工艺参数时，建立了基于专家系统和人工神经网络的人工智能系统，该系统充分发挥了专家系统和人工神经网络各自的优点，具有使用简单、预测准确度高、速度快等优点，为点焊工艺参数优选和接头质量预测提供了一种有效的新方法。

在渗碳气氛碳势测控方法中，提出了基于神经网络的气体渗碳碳势测定方法。用炉温、氧势两个参数或炉温、氧势、一氧化碳量三个参数作为输入模式，用钢箔法实测碳势值作为输出模式对网络进行训练。该方法靠软件工作，在线运行时，当向已训练过的网络输入实际检测到的温度T、氧探头输出E(或T、E和CO)后，网络便可迅速而准确地给出实时碳势值。使用该方法的优点是：精度高、可靠性高、复现性和稳定性好、成本低。

三、材料加工工艺优化

材料在加工处理过程中，对最终性能的影响变量较多，关系较复杂，难以建立明确的数学模型。采用人工神经网络优化加工工艺能取得良好的效果。用神经网络方法优化7175铝合金工艺时，将变形量、固溶时间和时效时间作为网络输入，合金抗拉强度和屈服强度作为输出，建立了3×6×2的三层BP网络，用遗传算法对训练好的网络进行优化，得到了7175铝合金在170℃时效处理的最优工艺为：冷变形85.1%+400℃/133分固溶+170℃10小时时效。

基于人工神经网络原理，对微合金钢热轧控制参数的选取进行了研究。利用Gleeble-1500热力模拟机提取了轧制温度、应变量、应变速率和相应的应力应变曲线，并通过显微组织观察获取了实验后样品断面的奥氏体晶粒尺寸。把实验数据归一化，采用BP网络对微合金钢热轧控制参数(轧制温度、应变量、应变率)和奥氏体晶粒尺寸之间的映射关系进行了函数逼近，建立了奥氏体晶粒尺寸神经网络模型，根据网络预测的结果可定量地进行热轧控制质量预报。与用已知数据建立的多元非线性回归公式的预测结果相比，神经网络预测精度要高得多，显示出对噪声污染严重的实验数据较强的处理能力。

神经网络在改善汽车发动机缸体铸件力学性能及冷轧机轧制压力的优化和预报中都得到了应用。

四、相变规律预测

钢的等温转变曲线、连续冷却转变曲线、Ms 点和淬透性曲线是选择淬火工艺的重要依据，它们与钢的化学成分、奥氏体化温度有关。多年来，人们通过研究建立了许多经验回归公式，经验回归公式一般精确度低，使用时还有严格的限制，人工神经网络在这些方面已得到了应用。

(一)TTT 和 CCT 曲线的预测

过冷奥氏体等温转变曲线(TTT 曲线)反映了过冷奥氏体在不同过冷度下等温转变的情况：转变开始和终了时间，转变开始和终了温度，转变量与温度和时间的关系。TTT 曲线一般通过实验测定。采用多层 BP 网络实现了 TTT 曲线的预测。网络是 4 层 BP 网络，合金元素 C、Mn、Ni、Cr、Mo 的含量和奥氏体化温度 T_A 作为网络的输入，奥氏体转变开始和终了时间作为网络的输出，中间隐层的单元数分别为 10 和 20。在 550℃到 770℃之间以 25℃为间隔建立了 7 个网络，训练后的网络分别用来预测 7 个温度的奥氏体转变开始和终了时间，将这些点连接起来就是 TTT 曲线。用 50 个 TTT 曲线的数据对网络进行训练，训练后的网络能预测给定成分在某个温度奥氏体化后的 TTT 曲线。一般来说，合金元素含量增加和奥氏体晶粒尺寸增大总是推迟转变时间，所建立的神经网络能用来研究单个合金元素含量变化对 TTT 曲线形状和位置的影响。

等温转变图反映的是过冷奥氏体等温转变的规律，可以直接用来指导等温热处理工艺的制定。但是，实际热处理常常是在连续冷却条件下进行的，如普通淬火、正火和退火等，虽然可以利用等温转变图来分析连续冷却时过冷奥氏体的转变过程，然而这种分析只能是粗略的估计，有时甚至可能得出错误的结果。实际上，在连续冷却时，过冷奥氏体是在一个温度范围内发生转变的，几种转变往往重叠出现，得到的组织常常是不均匀的和复杂的。这时采用奥氏体连续冷却转变曲线(CCT)进行分析更合适，借助于 CCT 图，能够设计热处理工艺，预测钢的硬度和强度性能。由于连续冷却转变比较复杂和测试上的困难，还有许多钢的

CCT 图没有测定。

研制新钢种时，测定其 CCT 曲线是一项既需要时间又需要资金的工作。Jianjun Wang 等[①]用人工神经网络方法建立了 CCT 图，研究了含碳量和冷却速率对 CCT 曲线的影响，所用的神经网络有 12 个输入单元，分别输入奥氏体化温度、C、Si、Mn、Cr、Cu、P、S、Mo、V、B 和 Ni 的含量；一个具有 12 个神经元的隐层，输出层输出 128 个数据；选择了 151 个 CCT 图训练神经网络；实验钢材成分为 0.4%Si、0.8%Mn、1.0%Cr、0.003%P、0.002%S、含碳量在 0.1%～0.6%之间变化，用训练好的网络预测试验钢材的 CCT 图，研究含碳量变化和冷却速度对 CCT 曲线的影响。结果表明：随着含碳量的增加，铁素体、贝氏体和马氏体开始转变的温度降低，但含碳量对珠光体转变结束温度的影响小。含碳量延长了铁素体形成孕育期，加速了珠光体生长。预测的结果与热力学模型结果相符，说明人工神经网络方法是可靠且有效的。

（二）Ms 点的预测

马氏体转变开始点 Ms 是热处理中的重要相变点，Ms 点的高低主要受合金元素的影响，奥氏体化温度和晶粒大小对其影响较小，可以忽略。目前，已经建立了许多 Ms 点的计算公式，但这些公式只反映了合金元素对 Ms 点的线性影响，没有考虑合金元素的相互作用。

Vermenlen 等[②]建立了预测含钒钢 Ms 点的人工神经网络。网络的输入是 C、Si、Mn、P、S、Cr、Mo、Al、Cu、N 和 V 的含量，共 12 个输入单元，输出 Ms 点 1 个单元。为确定中间层的单元数，选择了几个不同的单元数，从 164 种含钒钢中取 144 个作为训练数据，20 个用来判定网络的有效性，最终确定 12×6×1 网络最好。使用相同的数据，将最好的网络预测结果与一些线性回归公式和偏最小二乘法回归公式进行了比较，结果表明，神经网络的预测精度比线性回归公式高 3 倍，比偏最小二乘法回归公式高 2.5 倍。另外，神经网络还可以用来分析元素交互作用的影响，例如，含碳量相同时，低含 Mn 量对 Ms 点的影响比高含 Mn 量要大。

① 佚名．西南大学发布人工智能领域新算法[J]．信息网络安全，2021(5)：1.

② 金波．用人工神经网络的方法研究钢的淬透性和 Ms 点[D]．南京理工大学，2002.

（三）淬透性曲线的预测

钢的淬透性是指钢在一定奥氏体化条件下淬成全部或部分马氏体的能力。从硬度上讲，钢淬火后硬化层的深度反映了钢的淬透性。影响淬透性的主要因素有钢的化学成分、奥氏体化温度和奥氏体的晶粒尺寸等。淬透性决定钢淬火后的性能，端淬曲线是最常用的淬透性表示方法。淬透性曲线是选择钢材、制定合理的热处理工艺的重要依据。在多年的研究中，建立了多种计算淬透性曲线的公式，这些公式一般考虑合金元素对淬透性的线性影响，其预测结果与实验数据符合精度不高，近年来开始研究用神经网络预测淬透性曲线的方法，波兰的 L. A. Dobrzanski 在这方面做了较多的工作。①

淬透性预测是其计算机辅助结构钢选材系统的一部分内容。钢的化学成分、奥氏体化转变均匀程度、晶粒尺寸和冷却速度都影响着淬透性曲线，钢的化学成分对淬透性的影响较大，其他因素的影响较小，可以忽略。将钢分成渗碳钢和热处理钢两类，建立 BP 神经网络，网络的输入是 C、Mn、Si、Ni、Cr 和 Mo 的含量，输出分别是 15 个距水冷端不同位置上的硬度值，距水冷端的距离分别为 1.5mm、3mm、5mm、7mm、9mm、11mm、13mm、15mm、20mm、25mm、30mm、35mm、40mm、45mm 和 50mm，中间层有 30 个神经元。用神经网络预测淬透性曲线硬度的误差是 2HRC，精度优于其他的经验公式方法。利用所建立的神经网络能详细分析某种合金元素含量的变化对淬透性的影响，还可以分析某个标准钢号的成分在规定范围内的变化对淬透性曲线的影响。进一步建立结构钢的化学成分设计神经网络，以距水冷端不同位置的硬度值作为网络输入，合金成分含量作为网络输出，可以按照所要求的淬透性曲线设计结构钢的化学成分。W. G. Vermeulen 也进行了神经网络预测淬透性曲线的工作，比较了几种不同单元数神经网络的预测精度，训练好的网络对淬透性的预测精度在 2HRC 以内，特别考察了硼对淬透性的影响。②

（四）奥氏体形成

对于大多数热处理工艺，第一步是将钢加热到相变点以上使其发生奥氏体转

① 侯哲哲，武建军．人工神经网络在淬透性曲线中的应用[J]．天津理工大学学报，2002，18(004)：70－73.

② 吴良．人工神经网络(ANN)智能技术与热处理[J]．纺织机械，2001(4)：3.

变，连续加热条件下，加热速度愈快，钢的相变点就愈高。用神经网络方法定量研究了钢的含碳量和其他合金元素的含量以及加热速度对相变点的影响，所得结果与相变理论相符。采用神经网络可以方便地研究单个元素的变化所带来的影响，这一点是非常有用的。

（五）力学性能的预测

材料力学性能是结构材料最主要的性能。力学性能受材料组织结构、加工过程的影响，是一个影响因素较多的量。近年来采用人工神经网络的方法预测钢的力学性能。Myllylkoski 用从生产线上获得的数据，建立了能较准确地预测轧制力学性能的人工神经网络模型。该神经网络模型能用来评价加工工艺参数的影响，因而可用来指导改变加工工艺参数以获得所要求的力学性能。Liu 根据热轧 C-Mn 钢的显微组织与力学性能数据，用人工神经网络模型建立了显微组织和力学性能之间的关系，显微组织包括铁素体、珠光体、奥氏体的体积分数和铁素体晶粒尺寸，预测的力学性能有延伸率 δ 、屈服强度 σ_s 和抗拉强度 σ_b 。神经网络模型具有较好的学习精度和概括性，能够用来预测热轧钢带的力学性能。①

人工神经网络还可用来估测点焊接头的力学性能，研究疲劳裂纹的扩展速率、疲劳裂纹扩展门槛值以及超合金的蠕变断裂寿命。在防腐蚀领域，训练好的网络用来预测材料在各种介质中腐蚀破坏的危险性，如根据文献上的数据资料训练网络，用来预测碳钢在不同温度下、在含有不同浓度的 NaOH（≤50%）溶液中的应力腐蚀断裂产生的概率。人工神经网络已成为预测腐蚀破坏专家系统的重要组成部分。

① 徐文峰，廖晓玲，刘希东．人工神经网络在材料性能研究中的应用[J]．材料导报，2006，20(F11)：4.

第七章

人工智能技术在计算机教学中的运用

第一节 人工智能技术在计算机网络教育中的应用

一、人工智能技术的简介

人工智能是近几年来才被人们所熟知与认识的，它主要是应用在人工模拟操控以及实现人的智能扩展和延伸上，属于一项综合性的技术，综合了相关的智能技术以及操控技术，人工智能的应用主要是以计算机为载体来实现的，从根本上来讲是讲求高应用技能的计算机。

人工智能在应用时凭借的是人工技术，近几年来伴随着科技的不断进步以及电子产品(如手机、电脑等)的不断更新，人工智能也拥有了更多的应用实现基础。我国现代的人工智能研究主要包括三个领域，分别是智能化的接口设计、智能化的数据搜索、智能化的主题系统研究。

科技改变人类生活，人工智能作为一种特别的计算机科学，是对人类思维的研究、开发，并利用计算机对人类思维进行模仿、延伸和扩展的在计算机上所实现的智能。而关于人工智能的研究是涉及多个领域的，不仅包括对机器人、语言识别和图像识别的研究，还对自然语言处理和专家系统等方面进行了深入探析。所以人工智能可以说是一门企图了解智能实质，进而生产制造出一种崭新的能够同人类智能一样做出反应的智能机器的研究。在人工智能技术诞生以来，关于人工智能的理论和技术目前被不断地完善和改进，而人工智能在应用的领域上也在不断扩张，假以时日，未来人工智能下生产的科技产品作为人类智慧的模仿，将会更好地服务于大众。

二、人工智能的主要特点

当前，我国的人工智能主要集中在三大领域，计算机实行智能化应用主要是通过模仿人类大脑的智能化来实现的，未来的人工智能技术是具有超强发展潜力的新领域，对人们的生产以及生活都会产生很大影响，对信息技术的整体发展也会产生深远影响。而且人工智能给人类带来的影响是潜移默化的，它在不知不觉中改变着人类的生活方式以及工作学习的方式，让我们的生活变得更加便利，提供了多元化的科学选择。

智能技术包括人类智能和计算机智能，两者是相辅相成的。通过运用人工智能可以将人类智能转化为机器智能，反之，机器智能可以通过计算机辅助等智能教学转化为人类智能。

（一）人工智能的技术特点

第一，人工智能具有强大的搜索功能。搜索功能是采用一定的搜索程序对海量知识进行快速检索，最后找到答案。

第二，人工智能具有知识表示能力。所谓知识，是指用人类智能对知识的行为，而人工智能相对来说也会具有此类特征，它可以表示一些不精确的、模糊的知识。

第三，人工智能还具有语音识别功能和抽象功能。语音识别能处理不精确的信息；抽象能力是区别重要性程度的功能设置，可以借助抽象能力将问题中的重要特征与其他的非重要特征区分开来，使处理变得更有效率、更灵活。对于用户来说，只需要叙述问题，而问题的具体解决方案就留给智能程序。

（二）智能多媒体技术

1. 人机对话更具灵活性

传统多媒体欠缺人机对话，致使教学生硬枯燥，无法达到很好的效果，而智能多媒体允许学生用自然语言与计算机进行人机对话，并且还能根据学生的不同特点对学生的问题做出不同的回答。

2. 更具教育实践性

由于学生的素质不同，在学习上的知识面不同，而且学习主动性也会各有差别，人工智能必须要根据每个学生的学习基础、水平和个人能力，为每个学生安排制定符合个人的学习内容和学习目标，对学生进行个别针对性指导。

3. 人工智能系统还必须具备更强的创造性和纠正能力

创造性是人工智能的一个明显的特征，而纠错能力也是它的一个表现方面。

4. 人工智能多媒体还应具备教师的特点

主要是指在教学时能很好地对学生的学习行为以及教师的行为进行智能评判，使学生和教师能找到自己的不足，有利于学生和教师各自在学习方面得到提高。

三、智能计算机辅助教学系统

（一）人工智能多媒体系统

1. 知识库

智能多媒体不再是教师用来将纸质定量教学资源来进行电子化转换的工具，它应该拥有自己的知识库，知识库总的教学内容是根据教师和学生的具体情况进行有选择的设计的。另外，知识库应该要做到资源共享，并且要时时更新，这样才能实现知识库的功能。

2. 学生板块

智能教学的一个特征是要及时掌握学生的动态信息，根据学生的不同发展情况进行智能判定，从而进行个别性指导以及建议，使教学更加具有针对性。

3. 教学和教学控制板块

这个板块的设计主要是为了教学的整体性考虑的，它关注的是教学方法的问题。具备领域知识、教学策略和人机对话方面的知识是前提，根据之前的学生模型来分析学生的特点和其学习状况，通过智能系统的各种手段对知识和针对性教育措施进行有效搜索。

4. 用户接口模块

这是目前智能系统依然不能避免的一个板块，整个智能系统依然要靠人机交流完成程序的操作，在这里用户依靠用户接口将教学内容传送到机器上完成教学。

（二）人工智能多媒体教学的发展

1. 不断与网络结合

网络飞速发展，智能多媒体也与网络不断紧密结合，并向多维度的网络空间发展。网络具有海量知识、信息更新速度快等各种优点，与网络的结合是智能教学的发展方向。

2. 智能代理技术的应用

教学是不断朝学生与机器指导的学习模式发展，教师的部分指导被机器所逐渐取代，如智能导航系统等。

3. 不断开发新的系统软件

系统软件的特征是更新速度快，旧的系统满足不了不断发展的网络要求，不断开发新的软件才能更好地帮助学生解决问题，从而有利于学生的学习和教师的教学。教学智能化是教学现代化的发展主流，智能教学系统要充分运用自身的智能功能，从师生双方发挥应有的高性能特点，着重表现高科技手段的巨大作用，进一步推动智能教学系统的发展。

四、计算机辅助教学的现状

计算机技术应用于教学称为计算机辅助教学(CAI)。CAI 相对于传统教学来说是教学方式上的重大变革，但是随着教学的不断发展，传统的计算机多媒体教学模式也逐渐落后于时代发展的要求，其不足性主要体现在以下四个方面。

(一)交互能力差

现有的计算机辅助教学模式比较单调枯燥，在实际的教学活动中，计算机的应用主要是作为新颖的教材或科技黑板，教师大多会采用已经刻制好的光盘，将教材内容通过电脑屏幕显示出来，课程流程也是刻板的，计算机此时的作用仅仅是一个电子黑板。所以，在实际的课堂上，教师实际上也只是按预定流程操作，学生的听课模式依然停留在传统的听课模式上。无论教师还是学生，都没有和计算机实现很好的互动。

(二)缺乏智能性

在教学中，由于学生的学习程度和掌握知识的程度各有不同，学生学习的主动性也因人而异，因而需要计算机辅助教学的智能性来自动提供学生学习的信息，让他们有选择性地学习。教师的教学只有积极地参与到学习中去才能取得更好的教学效果，通过计算机提供智能服务、因材施教才能最大限度地提高教学。

基于教学的效果，十分有必要去提高多媒体教学的智能性。

(三)缺乏广泛性特征

这是计算机辅助教学的最初固有缺陷，在设计之初它就是基于某一领域知识的整体设计，通过对教学内容、问题答案的设计等，来呈现原设计系统允许范围之内的知识内容，这无法根据学生和教师的实际情况来安排适合不同学生的教学

内容，无法根据学生的认知特点以及最优学习效果来指导学生。

（四）缺乏开放性

开放性不足是目前多媒体教学中的严重问题。固定内容的教学方式适应范围较为狭窄；课堂的计划与安排僵化，缺乏自主能动性；由于教学资源固定、无法更新的特点使得教学内容无法变化，不能针对学生特点选择内容；教学资源的交流落后，无法与外界进行有效的交流，从而阻碍了教学质量的提高。

五、人工智能技术在计算机网络教学中的应用

（一）智能决策支持系统

智能决策支持系统(IDSS)是DSS与AI相结合的产物。IDSS系统的基本构件为数据库、模型库、方法库、人机接口等构成，它可以根据人们的需求为人们提供需要的信息与数据，还可以建立或者修改决策系统，并在科学合理的比较基础上进行判断，为决策者提供正确的决策依据。

（二）智能教学专家系统

智能教学专家系统是人工智能技术在计算机网络教学中的应用拓展。它的实现主要是利用计算机对专家教授的教学思维进行模拟，这种模拟具有准确性与高效性，可以实现因材施教，达到教学效果的最佳化，真正实现教学的个性化。同时，还在一定程度上减少了教学的经费支出，节约了教学实施所需要的成本。因此，在计算机网络教学中应当充分利用智能教学专家系统带来的优势，降低教育成本，提高教育质量。

（三）智能导学系统的应用

智能导学系统是在人工智能技术的支持下出现的一种拓展技术，它维持了优良的教学环境，可以保障学习者对各种资源进行调用，保障学习的高效率，减轻学生沉重的学习负担。它还具有一定的前瞻性和针对性，能够对学生的问题以及练习进行科学合理的规划，并且可以帮助学生巩固知识，督促学生不断提高。

（四）智能仿真技术

智能仿真技术具有灵活性，应用界面十分友好，能够替代仿真专家进行实验

设计和设计教学课件，这样能够大大降低教学成本，也可以节省课程开发以及课件设计的时间，缩短课程开发所需要的时间。在未来的计算机网络教学中应当大力发展智能仿真技术，充分利用智能仿真技术带来的机遇，也要对信息进行强有力的辨识，避免虚假信息带来的干扰。

（五）智能硬件网络

智能硬件网络的智能化主要表现在两个方面，首先是操作的智能化，主要包括对网络系统运行的智能化，以及维护和管理的智能化；其次是服务的智能化，服务的智能化主要体现在网络对用户提供多样化的信息处理上。因此，将智能硬件技术应用在计算机网络教学中是提高教学效率的必要选择。

（六）智能网络组卷系统

智能网络组卷系统的最大优点就是成本低、效率高、保密性强。因此，它可以根据给的组卷进行试题的生成，对学生进行学分管理，突破了传统的考试模式，节省了教师评卷的时间，是提高学生学习主动性以及积极性的有效措施。

（七）智能信息检索系统

智能信息检索系统主要是帮助学生查找所需要的数据资源，它的智能化系统能够根据使用者平时的搜索记录确定学生的兴趣，并且根据学生的兴趣主动在网络上进行数据搜集。搜索引擎是导航系统的重要组成部分，具有极大的主动性，并且可以根据用户的差异性提出不同的导航建议，是使用户准确地获取信息资源的强大保障。从客观层面上来看，将智能信息检索系统应用到计算机网络教学中也是打造智能引擎、提高搜索效率的必要措施。

人工智能技术在计算机网络教学中的应用至今仍然不成熟，存在很多问题，为了适应时代的发展需要，科学有效地将人工智能技术应用到计算机网络教学中，必须要进行不断的探索与创新，切实满足学生的需要，还要科学合理地把先进的科学技术与计算机网络教学结合起来，真正实现计算机网络教学的个性化与高效化，为提高教学效率、促进教学形式的多样化做出贡献。

第二节　人工智能时代的计算机程序设计教学

高性能计算与大数据的高速发展为机器学习尤其是深度学习提供了强大的引擎。自2006年取得突破以来，深度学习一直长驱直入，在图像分类与语音识别领域取得了骄人的成绩，在图像识别上甚至超过了人眼识别的准确率。尤其是2016年Google研发的机器人Alpha Go击败世界围棋冠军李世石，使人工智能在经历了两次寒冬之后再次复苏，并以极其强劲的态势进入大众的视野。事实上，人工智能正在全面进入人类生产和生活的方方面面，成为继互联网之后第四次工业革命的推动力量。人类正在进入人工智能时代，人工智能正在成为这个时代的基础设施。人脸识别、自动驾驶、聊天机器人、工业和家居机器人、股票推荐，人工智能的产业应用正在遍地开花。显而易见，无论对计算机专业还是其他专业的大学生，了解人工智能，甚至学习开发人工智能应用都是有必要的。

一、人工智能时代的计算机程序设计背景

人工智能(artificial intelligence，AI)，是研究、开发用于模拟、延伸和扩展人的智能的理论、方法、技术及应用系统的一门新的技术科学。人工智能是计算机科学的一个分支，该领域的研究包括机器人、语音识别、图像识别、自然语言处理和专家系统等。当前人工智能的快速发展主要依赖两大要素：机器学习与大数据。也就是说，在大数据上开展机器学习是实现人工智能的主要方法。

而计算机程序设计可视为“算法＋数据”结构。通过简单地将机器学习映射到算法、将大数据映射到数据结构，我们可以理解人工智能与计算机程序设计之间存在一定程度上的对应关系。人工智能离不开计算机程序设计，要弄清人工智能时代对计算机程序设计的新需求，需要首先对机器学习和大数据有一定的认识。

机器学习(machine learning，ML)是一门研究计算机怎样模拟或实现人类的学习行为以获取新的知识或技能的多领域交叉学科，涉及概率论、统计学、逼近论、凸分析、算法复杂度理论等多门学科。机器学习是人工智能的核心，包括很多方法，如线性模型(linear model)、决策树(decision tree)、神经网络(neural networks)、支持向量机(support vector machine)、贝叶斯分类器(bayesian classifier)、集成学习(ensemble learning)、聚类(clustering)、度量学习(metric learning)、稀疏学习(sparse learning)、概率图模型(probabilistic graph model)和强化学习(reinforcement learning)等。

其中，大部分方法都属于数据驱动(data driven)，都是通过学习获得数据不同抽象层次的表达，以利于更好地理解和分析数据、挖掘数据隐藏的结构和关系。

深度学习(deep learning)是机器学习的一个分支，由神经网络发展而来，一般特指学习高层数的网络结构。深度学习也包括各种不同的模型，如深度信念网络(deep belief network，DBN)、自编码器(auto encoder)、卷积神经网络(convolutional neural network，CNN)、循环神经网络(recurrent neural network，简称 RNN)等。深度学习是目前主流的机器学习方法，在图像分类与识别、语音识别等领域都比其他方法表现优异。

作为机器学习的原料，大数据(big data)的“大”通常体现在三个方面，即数据量(volume)、数据到达的速度(velocity)和数据类别(variety)。数据量大既可以体现为数据的维度高，也可以体现为数据的个数多。对于数据高速到达的情况，需要对应的算法或系统能够有效处理。而多源的、非结构化、多模态等不同类别特点也对大数据的处理方法带来了挑战。可见，大数据不同于海量数据。在大数据上开展机器学习，可以挖掘出隐藏的、有价值的数据关联关系。

对于机器学习中涉及的大量具有一定通用性的算法，需要机器学习专业人士将其封装为软件包，以供各应用领域的研发人员直接调用或在其基础上进行扩展。大数据之上的机器学习意味着很大的计算量。以深度学习为例，需要训练的深度神经网络其层次可以达到上千层，节点间的联结权值可以达到上亿个。为了提高训练和测试的效率，使机器学习能够应用于实际场景中，高性能、并行、分布式计算系统是必然的选择。可以采用软件平台，如 Hadoop Map Reduce 或 Spark；或者采用硬件平台，如图形处理器(graphics processing unit，GPU)或现场可编程门阵列(field-programmable gate array，FPGA)。

二、人工智能时代的计算机程序设计语言

人工智能时代的编程自然以人工智能研究和开发人工智能应用为主要目的。很多编程语言都可以用于人工智能开发，很难说人工智能必须用哪一种语言

来开发，但并不是每种编程语言都能够为开发人员节省时间及精力。Python由于简单易用，是人工智能领域中使用最广泛的编程语言之一，它可以无缝地与数据结构和其他常用的AI算法一起使用。Python之所以适合AI项目，其实也是基于Python的很多有用的库都可以在AI中使用。一位Python程序员给出了学习Python的9个理由。

(1)Python易于学习。作为脚本语言，Python语言语法简单、接近自然语言，因此可读性好，尤其适合作为计算机程序设计的入门语言。

(2)Python能够用于快速Web应用开发。

(3)Python驱动创业公司成功。支持从创意到实现的快速迭代。

(4)Python程序员可获得高薪。高薪反映了市场需求。

(5)Python助力网络安全。

(6)Python支持快速实验。

(7)Python是AI和机器学习的未来。

(8)Python提供了数值计算引擎(如NumPy和SciPy)和机器学习功能库(如scikit-learn、Keras和Tensor Flow)，可以很方便地支持机器学习和数据分析。

(9)不做只会一招半式的“码农”，多会一门语言，机会更多。

Java也是AI项目的一个很好的选择。它是一种面向对象的编程语言，专注于提供AI项目上所需的所有高级功能，它是可移植的，并且提供了内置的垃圾回收。另外，Java社区可以帮助开发人员随时随地查询和解决遇到的问题。LISP因其出色的原型设计能力和对符号表达式的支持在AI领域占据一席之地。LISP是专为人工智能符号处理设计的语言，也是第一个声明式系内的函数式程序设计语言。Prolog与LISP在可用性方面旗鼓相当，据*Prolog Programming for Artificial Intelligence*一文介绍，Prolog是一种逻辑编程语言，主要是对一些基本机制进行编程，对于AI编程十分有效，如它提供模式匹配、自动回溯和基于树的数据结构化机制。结合这些机制可以为AI项目提供一个灵活的框架。C++是速度最快的面向对象编程语言，这对于AI项目是非常有用的，如搜索引擎可以广泛使用C++。

其实为AI项目选择编程语言，很大程度上都取决于AI子领域。在这些编程语言中，Python因为适用于大多数AI子领域，所以逐渐成为AI编程语言的首选。Lisp和Prolog因其独特的功能，在部分AI项目中卓有成效，地位暂时难以撼动。而Java和C++的自身优势也将在AI项目中继续保持。

三、人工智能时代的计算机程序设计教学

人工智能时代的计算机程序设计教学在高校应该如何开展呢？下面给出一些初步的思考，供大家讨论并批评指正。

（一）入门语言

入门语言应该容易学习，可以轻松上手，既能传递计算机程序设计的基本思想，也能培养学生对编程的兴趣。C语言是传统的计算机编程入门语言，但学生学得并不轻松，不少同学学完C语言既不会运用，也没有兴趣，有的非计算机专业的学生甚至因为C语言对计算机编程产生畏惧心理。因此，宜将Python作为入门语言，让同学们轻松入门并快速进入应用开发。有了Python这个基础，再学习面向对象程序设计语言C＋＋或JAVA，就可以触类旁通。

（二）数据结构与算法

笔者认为计算机程序设计＝数据结构＋算法。因此，在学习编程语言的同时或之后，宜选用与入门语言对应的教材。比如，入门语言选Python的话，数据结构与算法的教材最好也是Python描述。

（三）编程环境

首先，编程环境要尽量友好，简单易用，所见即所得，无须进行大量烦琐的环境配置工作。对于学生而言，像JAVA那样需要做大量环境配置不是一件容易的事。其次，编程环境要集成度高，一个环境下可以完成整个编程周期的所有工作。再次，编程环境要能够提供跨平台和多编程语言支持。最后，编程环境应提供大量常用的开发包支持。Anaconda就是这样的一个编程环境，它拥有超过450万用户和超过1000个数据科学的软件开发包。Anaconda以Python为核心，提供了Jupyter Notebook这样功能强大的交互式文档工具，代码及其运行结果、文本注释、公式、绘图都可以包含在一个文档里，而且还可以随时擦写更新。Git Hub上有很多有趣的开源Jupyter Notebook项目示例，可供大家学习Python时参考。

（四）案例教学

传统的计算机程序设计教材和课堂教学过多偏重介绍编程语言的语法，既使课堂陷入枯燥，又让学生找不到感觉。因此，笔者提倡案例教学，即教师在课堂上尽可能结合实际项目来开展教学。教学案例既可以是来自教师自己的研发项目，也可以是来自网络的开源项目。案例教学的好处在于，学生容易理论联系实际，缩短课本与实际研发的距离。

（五）大作业

实验上机除了常规的基本知识的操作练习外，还应安排至少一个大作业。大作业可以是小组（如 3 名同学）共同完成。这样不但可以锻炼学生学习致用的能力、提升学生学习的成就感，还可以让学生的团队精神和管理能力得到提高，可谓一举多得。大作业的任务应该尽可能来自各领域的实际问题和需求，如果能拿到实际数据更好。

综上所述，人工智能时代的新需求要求我们探索计算机程序设计新的教学内容和教学形式。唯有与时俱进、不断创新，才能使高校的计算机程序设计教学达到更好的教学效果，才能培养出适应各行各业新需求的研发人才。

第三节　基于计算机网络教学的人工智能技术运用

所谓人工智能，就是利用人工方法在计算机上实现智能，也可以说是人工智能在计算机上的一种模拟。人工智能广泛融合了神经学、语言学、信息论和通信科学等众多学科和领域。目前主要存在三条人工智能研究途径：一是以生物学理论为支撑，掌握人类智能的本质规律；二是以计算机科学为支撑，通过人工神经网络进行智能模拟，实现人机互动；三是以生物学理论为支撑。

一、人工智能技术的特征

智能技术主要分为两类，即人类和计算机智能，两者存在相辅相成的关系。

利用人工智能技术能够实现人类智能向机器智能的转化，相反，机器智能也能够利用智能教学转化为人类智能。

（一）人工智能的技术特征

首先，人工智能具备非常强的搜索功能。该功能是利用相关搜索技术实现对海量信息的快速检索，满足个性化信息需求。其次，人工智能具备很强的知识表示能力。具体来讲，就是人工智能对信息的行为，能够像人类智能一样，对模糊的信息加以表示。最后，人工智能具有较强的语音识别和抽象功能。前者主要是为了对模糊信息加以处理，后者主要是为了对信息重要度加以区分，以便提高信息处理效率。用户只需要智能机器提出具体要求便可，至于复杂的解决方案就交给智能程序了。

（二）智能多媒体技术

首先，人机对话更加灵活。传统多媒体在人机对话方面极为欠缺，导致教学单调乏味，不能取得预期的良好效果，但智能多媒体却不然，它能够实现人机自由对话和互动，还能结合学生实际对学生的问题给出不同层次的答案。其次，教学可行性更强。由于学生在认知能力和个人素养方面都存在差异，而且学习主动性也不尽相同，人工智能必须要结合学生实际学习状况，为每一位学生设计制订个性化的学习计划和学习目标，对学生进行针对性较强的教学，真正实现因材施教。再次，具有强大的创造性和纠错性。前者属于人工智能的显著特征，而后者属于人工智能的重要表现方面。最后，智能多媒体具有教师特征。在实际教学过程中，智能多媒体可以对教学双方的行为进行智能评价，以便能够及时发现教学中的薄弱点，有助于实现教学相长，全面提高教学质量和教学效果。

二、计算机网络教育的现状

随着现代科学的进步，网络信息的发达，人们的教学观念和学习观念都发生了前所未有的改变，网络时代正全面到来。为了满足现代社会对人才的实际需求，培养大量现代化优秀人才，计算机网络教学模式业已成型并不断完善。目前，高校正规教学模式依然是现代教学主流，尽管在系统传授知识和规范培养人才方面具有无可比拟的优势，但在资金投入、效益创收和时空限制等方面具有很大的弊端，灵活性不足，无法有效满足现代教育的发展要求。

计算机网络教学对传统教学形成了巨大挑战，并产生了深远影响。它不仅有效弥补了传统教学的时空限制缺陷，而且赋予教学极大的乐趣性，吸引了越来越多的人积极投身到网络教学建设中去，任何人无论何时何地都能够通过网络课堂去学习和提高。但目前计算机网络教学发展仍处于探索期，在实际运用方面还存在许多问题：第一，计算机网络教学中的学习支持服务体系尚不健全，导学手段和答疑方法还非常落后，由于各种原因，在服务方式上缺乏针对性、策略性和积极性；第二，计算机网络实验教学中存在空间分散、时间流动和自主性差等问题和弊端；第三，计算机网络的系统承载能力和信息查询能力还十分有限；第四，如何实现计算机网络考试的开放性，确保考试的客观性、公正性、权威性，已经成为网络教学发展的瓶颈；第五，计算机网络教学中的核心支撑系统——CAI，还无法有效满足和适应网络教学的实际需求和发展要求。

主流 CAI 课件主要有两种：一种是单机版的初级课件，包括简单的 Authorware 课件、PPT 幻灯片和图文网页等；一种是高级的网络版课件。该类课件主要以静态图文和动态演示组成的网页为主，以聊天室、电子邮件和 QQ 群等形式为辅，是实现师生互动、网络答疑的一种改进型课件。初级课件在实际教学中以操作容易、更新及时和维护方便著称，但实际上就是传统教学手段的变相挪用。还有些课件，尽管在互动性方面有着不错的效果，但是制作烦琐、更新较慢和维护复杂。因此，高级网络课件是目前网络教学中的主流课件，已经成了计算机网络课件的固定模板。改进型的网络课件有效地解决了传统多媒体师生互动不足的问题。上述两类课件是现在最为常见的两种 CAI 课件，尽管两者都有各自的优势，但作为网络教学的重要手段，仍存在许多问题和弊端：无法实现因材施教，无法开展层次教学；作为教学的一大主体，学生在个性化交互操作方面仍有很大不足；对学习过程中出现的普遍问题无法进行智能统计、分析和评价等。

三、人工智能技术在计算机网络教学中的运用

（一）人工智能多媒体系统

1. 知识库

智能多媒体已经不再是用来进行纸质媒体数字转化的工具了，它应该具备相应完善的知识库，而知识库里的教学内容要结合教学实际和学生现状进行针对性、个性化设计。同时，要实现知识库资源的高度共享，并及时加以更新和补

充，如此才能充分发挥知识库的教学服务作用。

2. 教学板块

教学板块的设计主要是出于教学综合性考虑的，教学方法的创新是其关注的重点内容。该板块的实现要以掌握专业知识、教学策略和人机对话等领域的知识为前提，结合学生实际学习现状和特点，利用智能系统的现代化技术手段对知识和相关教育措施加以高效搜索。

3. 学生板块

及时掌握学生心理动态和学习状况是智能网络教学的一大特征，结合学生实际状况加以智能评判，进而加以针对性指导和个性化辅导，实现因人施教和因材施教，全面提高学习效率和学习质量。

4. 用户模块

用户模块是智能系统无法忽视和省略的关键模块，整个智能系统的正常运行离不开人工程序操作，用户需要通过用户终端将教学内容上传到网络教学平台，才能顺利完成教学。

（二）人工智能多媒体教学的发展

1. 加强与网络的结合

随着网络技术的成熟，智能网络教学与网络之间的关系日益紧密，多元化、多维度网络空间日益成为一种趋势。互联网具有信息量大、更新速度快、超时空性等优势，加强与网络的结合是人工智能计算机网络教学未来发展的重要方向。

2. 加强智能代理的应用

人机对话、机器指导的教学模式将成为未来网络教学的核心模式，传统教师的角色将逐渐被计算机取代，最为典型的就是现代智能导航系统。

3. 加强系统软件的研发

系统软件的更新日新月异，旧的系统软件已经无法有效满足网络发展的时代要求，加强系统软件的研发可以充分满足网络要求，更好地帮助学生解决实际问题，进而提高学习效率和教学质量。

人工智能技术在计算机网络教学中的运用将为现代化教育提供新的发展思路，将全面改善网络教学环境，拓展学习服务渠道，提高计算机网络教学质量，并有可能彻底打破计算机网络教育的时空限制，全面加强网络教学的开放性，实现网络学习的个性化、人性化和智能化，充分落实以学生为本的教学理念。未来

CAI 技术的进一步成熟将全面提高网络教学的整体格局，我们有理由相信，智能网络教学将迎来全新的发展春天。

参考文献

[1]孙晓娟．电气工程及自动化专业计算机控制技术课程教学方法研究[J]．中国教育技术装备，2011(24)：54-56.

[2]王俊恒，李树文．计算机网络远程控制技术及应用研究[J]．电脑编程技巧与维护，2021(11)：157-158，161.

[3]江彦波．计算机电子控制技术及应用研究[J]．军民两用技术与产品，2017(12)：54，193.

[4]陈婵媛．翻转式教学在计算机控制技术课程的应用研究[J]．电脑知识与技术，2021，17(17)：102-104.

[5]肖校．电气工程及其自动化技术在发电厂的应用研究[J]．文渊(小学版)，2019(9)：527-528.

[6]王奔．浅谈计算机通信及网络远程控制技术的应用与可靠性提升——评《计算机控制技术(第2版)》[J]．现代雷达，2022，44(02)：118.

[7]覃真元．供电系统电气工程及自动化控制技术研究[J]．建筑工程技术与设计，2017(10)：605-605.

[8]朱先桃．计算机自动控制系统及其应用研究[J]．信息系统工程，2016(10)：79.

[9]陈增强，刘俊杰，孙明玮．一种新型控制方法——自抗扰控制技术及其工程应用综述[J]．智能系统学报，2018，13(6)：865-877.

[10]吴高杰．工业自动化控制中计算机控制技术的应用路径研究[J]．科技创新导报，2015(28)：132-133.

[11]王敏，吴丹林．计算机控制技术在食品工程中的运用实践——评《食品研究与数据分析》[J]．中国酿造，2020，39(6)：后插11.

[12]蔡晓轩．计算机自动控制系统及其应用研究[J]．化工管理，2017(33)：166-167.

[13]李平，王子威．间歇聚合反应过程的计算机控制及先进控制技术应用进

展[J]. 化工进展，2004，23(8)：841-845.

[14]暴锡文. 计算机电子控制技术及应用研究[J]. 电子技术与软件工程，2015(23)：172-173.

[15]许文宇. 土木道桥建设工程中智能材料的应用研究[J]. 河南科技，2022，41(3)：83-86.

[16]段晓晨，孟晓静，张小平，等. 交通工程项目“五控”目标管理技术的研究及应用[J]. 铁道运输与经济，2016，38(4)：78-82.

[17]冯硕，李旗. 基于计算机控制器的农用无人机导航自动控制系统[J]. 农机化研究，2022，44(8)：42-46.

[18]王双庆，张连江，王平，等. 人防工程的照明控制技术研究与应用[J]. 工业控制计算机，2009，22(4)：24-26.

[19]陈锋楠. 工程机械中运用先进液压控制技术的研究分析[J]. 内燃机与配件，2022(5)：70-72.

[20]吴明. 高炉计算机分级控制技术研究及应用[D]. 重庆：重庆大学，2002.

[21]郑潇. 供电系统电气工程及自动化控制技术研究[J]. 数字化用户，2019，25(49)：171.

[22]杨博，贾银锁，李永宏，等. 韵律控制技术及其在藏语 TTS 中的应用研究[J]. 西北民族大学学报(自然科学版)，2005，26(1)：66-71.

[23]赵亮. 基于计算机的电子工程自动化控制应用研究[J]. 电脑高手(电子刊)，2020，2(2)：1444.

[24]李晶，王妍，王春艳，等.“过程装备控制技术及应用”新课程内容实验教学改革研究[J]. 长春师范大学学报(自然科学版)，2018，37(5)：152-154，158.

[25]肖扬. 电气工程及其自动化的计算机控制系统探析[J]. 中国新通信，2021，23(15)：137-138.

[26]孙小亮. 计算机网络技术在电子信息工程中的应用研究[J]. 商品与质量，2021(26)：74，79.

[27]冯开林，陈康宁，邹广德，等. 先进液压控制技术在工程机械的应用研究[J]. 工程机械，2002，33(5)：48-50.

[28]崔冬冬. 基于计算机的电子工程自动化控制应用研究[J]. 电脑校园，

2019(9)：8933-8934.

[29]管世珍．长距离调水工程闸站监控系统的研究和应用[J]. 水电站机电技术，2020，43(7)：14-17.

[30]王丽芳．计算机控制技术在汽车电子系统中的应用[J]. 软件，2022，43(7)：122-124.

[31]赵树超．计算机电子工程应用特性及其强化措施分析[J]. 电脑校园，2019(8)：14-15.

[32]朱文兵．钢结构施工力学及控制技术研究与应用[J]. 建材世界，2011，32(5)：87-89.

[33]陈永清．计算机集成控制技术及应用研究[D]. 江苏：东南大学，2000.

[34]胡晓林．水利及桥梁工程智能光纤监测系统的应用研究[J]. 自动化与仪器仪表，2007(4)：29-31.

[35]刘桂芹．电液比例控制技术在工程钻机中应用的研究[D]. 湖北：中国地质大学(武汉)，2006.

[36]张志美，张勤宗，张明波．机械设计制造及其自动化中计算机技术的应用分析[J]. 消费导刊，2018(27)：219-220.

[37]李玲玲，范纬世，李敬瑜．浅谈机电一体化技术在工程机械中的应用与研究[J]. 信息记录材料，2021，22(5)：92-93.

[38]王佩佩，岳海群．自动化控制技术在电气工程中的应用与发展探究[J]. 城市建设理论研究(电子版)，2015(21)：6033-6034.

[39]范阳明，席磊．计算机控制技术在工业自动化生产中的应用分析[J]. 信息系统工程，2019(7)：104.

[40]肖萍．刍议 PLC 控制技术的优势及抗干扰措施的应用[J]. 中国设备工程，2021(15)：173-174.

[41]王洁然．工农业领域中计算机控制技术应用与发展趋势[J]. 数字通信世界，2015(8)：76.

[42]刘恩．电气自动化技术在智能建筑电气工程中的应用研究[J]. 装饰装修天地，2020(3)：398.

[43]翟旭东．电气自动化技术在智能建筑电气工程中的应用研究[J]. 建筑与装饰，2020(30)：184.

[44]马晓宁．智能化技术在电气工程自动化控制中的应用研究[J]. 百科论坛

电子杂志，2019(23)：292-293.

[45]焦安亮，付伟，张中善，等．我国建筑智能工程施工技术及新应用[J]．建筑技术，2018，49(6)：623-627.

[46]赵凯．计算机电子控制技术及其运用的相关探讨[J]．数字化用户，2017，23(50)：140.

[47]焦小彦，刘奎．闸站监控系统在南水北调工程中的研究与应用[J]．水电站机电技术，2018，41(z1)：1-2，18.

[48]徐征和，吴俊河，丁若冰，等．自动化灌溉控制工程技术的研究与应用[J]．中国农村水利水电，2006(6)：66-68，72.

[49]张建勋．智能控制技术在河钢承钢轧钢控制系统中的应用研究[J]．科学与信息化，2019(10)：111-112.

[50]韩征．机械设计制造及其自动化中计算机技术的应用分析[J]．百科论坛电子杂志，2019(5)：694-695.

[51]林丽君，何明格，王清远，等．井下无线智能调产技术研究及应用[J]．石油机械，2021，49(8)：75-81.

[52]张婧，盖文东，高宏岩，等．“计算机控制技术”课程教改研究与实践[J]．电气电子教学学报，2017，39(3)：91-94.

[53]李琳锋．工业机械设备电气工程自动化技术的应用研究[J]．科学技术创新，2019(27)：192-193.

[54]张广彬．电气工程及其自动化的发展研究[J]．建筑工程技术与设计，2017(16)：5168-5168.